城乡建设领域国际标准申报指南

住房和城乡建设部标准定额研究所　编著

中国建筑工业出版社

图书在版编目（CIP）数据

城乡建设领域国际标准申报指南/住房和城乡建设部标准定额
研究所编著. —北京：中国建筑工业出版社，2019.12
　ISBN 978-7-112-24600-7

　Ⅰ.①城…　Ⅱ.①住…　Ⅲ.①城乡建设-项目-申请-指南
Ⅳ.①TU984-62

　中国版本图书馆 CIP 数据核字（2020）第 025957 号

　　责任编辑：卢泓旭
　　责任校对：王　瑞

城乡建设领域国际标准申报指南
住房和城乡建设部标准定额研究所　编著

*

中国建筑工业出版社出版、发行（北京海淀三里河路9号）
各地新华书店、建筑书店经销
北京科地亚盟排版公司制版
北京建筑工业印刷厂印刷

*

开本：787×1092毫米　1/16　印张：7　字数：172千字
2019年11月第一版　2019年11月第一次印刷
定价：**42.00**元
ISBN 978-7-112-24600-7
(34975)

《城乡建设领域国际标准申报指南》
编委会

主 任 委 员：李　铮
副主任委员：展　磊
编制组组长：张惠锋
编制组成员：叶　凌　王书晓　高雅春　宋　婕　刘会涛
　　　　　　丁力行　渠艳红　尚志宇　李玲玲　王　敏
　　　　　　朱　霞　王洪林　王倩倩　赵　霞　张永刚
　　　　　　姜　栋　杨京桦　罗　琤　汪传发

编 制 单 位

住房和城乡建设部标准定额研究所
中国建筑科学研究院有限公司
中国建筑标准设计研究院有限公司
仲恺农业工程学院
中城智慧（北京）城市规划设计研究院有限公司
中国市政工程华北设计研究总院有限公司
中外建设信息有限责任公司
深圳市海川实业股份有限公司
中国工程建设标准化协会
中国城市建设研究院有限公司
北京中通建科节能环保技术研究院有限公司

前　　言

　　标准是经济活动和社会发展的技术支撑，是国家治理体系和治理能力现代化的基础性制度。标准还是全球治理的重要规制手段和国际经贸合作的通行证，被视为"世界通用语言"。2016年，习近平总书记在致第39届国际标准化组织（ISO）大会贺信中指出："伴随着经济全球化深入发展，标准化在便利经贸往来、支撑产业发展、促进科技进步、规范社会治理中的作用日益凸显"。并面向全世界庄严宣告："中国将积极实施标准化战略，以标准助力创新发展、协调发展、绿色发展、开放发展、共享发展"。在"一带一路"国际合作高峰论坛上，习近平总书记再次面向全世界号召"努力加强政策、规制、标准等方面的'软联通'"，要求"加强规则和标准体系相互兼容"。

　　国际标准编制立项需要标准主导国在不断完善标准提案和争取他国支持的基础上才能获得成功，因此，如何成功申报立项国际标准，是我国企事业有效地参与国际标准化活动的关键环节。为提升我国参与国际标准化活动的质量和水平，鼓励和指导我国企事业单位实质性参与国际标准化活动，根据《ISO/IEC导则》和《参加国际标准化活动（ISO）和国际电工委员会（IEC）国际标准化活动管理办法》相关要求，住房和城乡建设部标准定额研究所组织国内多家有国际标准化工作经验和国际标准编写经验的单位和专家共同编制《城乡建设领域国际标准申报指南》（以下简称《指南》）。

　　本书主要包括以下内容：

　　第1章总则。主要介绍指南的编制原则。

　　第2章国际标准申报流程。介绍提交国际标准新工作项目提案的国内流程和国际流程。

　　第3章国际标准申报技术要求。主要介绍国际标准申报过程中技术层面的准备。

　　第4章国际标准申报人员要求。主要介绍国际标准申报过程中人员方面的准备。

　　第5章国际标准申报文本要求。主要介绍国际标准申报过程中各类文本的准备。

　　第6章案例汇编。通过实际案例详细解析国际标准申报立项的重要环节。

　　本书在编写过程中，得到了标准化专家和出版机构专家的大力支持和帮助，在此瑾向他们表示衷心的感谢。

　　由于时间仓促，本书难免有疏漏和不足之处，敬请广大读者和标准化同行提出宝贵意见。

目　　录

目　录

1 总　　则

为指导城乡建设领域国际标准申报工作，制定本指南。

本指南的内容包括对国际标准申报工作中涉及的项目申报流程、国际标准申报的技术要求、人员要求和文本要求。

本指南适用于城乡建设领域国际标准的申报工作，主要涉及项目阶段的预研阶段和提案阶段。技术工作项目的其他阶段详见《城乡建设领域国际标准化工作指南》。

2 国际标准申报流程

2.1 国内流程

2.1.1 工作流程

国务院标准化主管部门鼓励各有关方面积极向国际标准化组织（ISO/IEC）提出国际标准新工作项目和新技术领域提案，企业、科研院所、检验检测认证机构、行业协会及高等院校等我国的任何机构均可提出提案。

国际标准新工作项目提案（以下简称提案）申请应按照以下工作流程：

（1）提案立项之前，需向行业主管部门（住房和城乡建设部）进行书面申请；对提案立项的目的意义、范围和技术内容及立项必要性等相关情况说明，申请函要求见5.1.4；

（2）按照国际标准化组织（ISO/IEC）的要求，新工作项目提案的提案人准备国际标准新工作项目提案申请表中所要求的相关内容材料及提案的中英文草案或大纲，填写《国际标准新工作项目提案审核表》；

（3）上述材料经国内技术对口单位协调、审核，并经行业主管部门审查后，由国内技术对口单位报送国务院标准化主管部门；国务院标准化主管部门审核后统一向国际标准化组织（ISO/IEC）相关技术机构提交申请；

（4）提案人和相关国内技术对口单位应密切跟踪提案立项情况，积极推进国际标准制定工作进程并将相关情况及证明文件及时报送国务院标准化主管部门和行业主管部门备案。

提案申请流程详见图2-1。

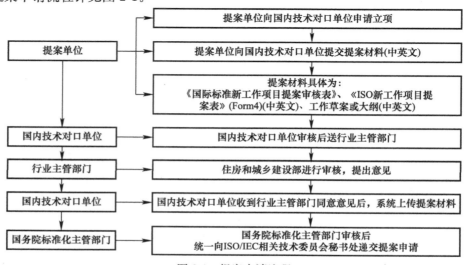

图 2-1　提案申请流程

在国内申报流程中出现问题，提案单位均可与国内技术对口单位联系，国内技术对口将提供辅导与协助。行业主管部门进行公示、评审等审查工作，新提案与已有在研标准内容有关时，国内技术对口单位将协同相关单位发起协调研讨会议，给新提案提出修改、完善建议，以避免重复研究等问题的出现。

2.1.2 申报文件

国内申报需提交的文件如表 2-1 所示，具体要求见本书第 5.1 节。

国内申报需提交的文件 表 2-1

项目阶段	相应单位	有关文件
准备阶段	提案单位	1. 工作草案或大纲（中英文） 2.《国际标准新工作项目提案审核表》（见附录 A） 3. ISO Form 4 表格（中英文）（见附录 B）
国内审查阶段	1. 国内技术对口单位 2. 行业主管部门（住房和城乡建设部） 3. 国家市场监督管理总局标准创新管理司（国家标准化管理委员会 SAC）	1. 工作草案或大纲（中英文） 2.《国际标准新工作项目提案审核表》 3. ISO Form 4 表格（中英文）
报送阶段	ISO 相应技术委员会秘书处	1. 工作草案或大纲（英文） 2. ISO Form 4 表格（英文）

2.2 国际流程

国际标准化组织（ISO/IEC）相关技术委员会秘书处受理项目立项申请资料后，立项工作即进入到立项申请流程中的预研阶段，也称初步阶段。这个阶段是制定国际标准化组织（ISO/IEC）国际标准研究的第一个阶段，进入初步阶段代表国际标准化组织（ISO/IEC）正式受理此立项申请，是立项申请工作的开始。此时，提案将被授予前缀为 PWI（Preliminary work item）的文件编号，进入提案阶段提案将被授予前缀为 NP（New work item proposal），投票通过后提案前缀将变为 AWI（Approved work item）。国际标准化组织（ISO）的国际标准编制工作分为 7 个阶段，各阶段的内容及顺序如图 2-2 所示。

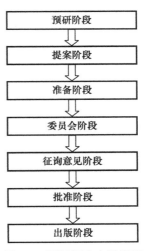

图 2-2 国际标准申报流程

不同阶段对应的文件名称如表 2-2 所示，其中 * 表示强制阶段。

项目阶段及有关文件 表 2-2

项目阶段	有关文件	
	名称	缩写
预研阶段	预研工作项目[a]	PWI
提案阶段 *	新工作项目提案[a]	NP
准备阶段	工作草案[a]	WD
委员会阶段 *	委员会草案[a]	CD
征询意见阶段 *	征询意见草案（国际标准草案）[b]	DIS

项目阶段	有关文件	
	名称	缩写
批准阶段	最终国际标准草案c	FDIS
出版阶段	国际标准	ISO、IEC 或 ISO/IEC

注1：a. 可能省去阶段；

　　　b. 国际标准化组织（ISO）中为征询意见草案，也被称为国际标准草案，国际电工委员会（IEC）中为投票用委员会草案；

　　　c. 可能省略；

注2：本课题为国际标准申报指南，重点阐述预研阶段和提案阶段。

2.2.1　预研阶段（00）

技术委员会（TC）或分委员会（SC）可对尚不成熟、不能进入下一阶段处理和不能确定目标日期的预研工作项目进行投票，在获得其积极成员（P 成员）的简单多数同意后，将其作为预研工作项目纳入工作计划中。

这类项目可包含战略工作计划中列出的那些项目，特别是"对新需求的展望"中所列的项目。

所有预工作项目应登记在工作计划中并应由委员会定期审查。委员会应评估所有此类项目市场相关性和所需的资源。所有未能在有效期内推进到提案阶段的预研工作项目都将自动从工作计划中删除。（IEC 中有效期由技术委员会（TC）和分技术委员会（SC）规定的截止期；ISO 中则规定有效期为 3 年）

预工作项目获得的 ISO 项目编号将保留至项目完成，或直至该项目撤销为止。如果技术委员会（TC）或分委员会（SC）认为有必要把一个项目分成若干子项目，则可给每个子项目一个分编号。子项目应完全涵盖在原项目的工作范围之内，否则应提交一个新的工作项目提案。

此阶段可用于制定新的工作项目提案和制定初始草案，在进入准备阶段之前，所有此类项目均须经过批准按照 2.2.2 中规定的程序。

2.2.2　提案阶段（10）

2.2.2.1　新工作项目提案（NP）内容为：

　　a）一个新标准；

　　b）现行标准的一个新部分；

　　c）技术规范或可公开提供的规范。

以下情况不需要提交新工作项目提案：

a）修订现有标准或技术规范（或在 6 年有效期内的可公开提供的规范）；

b）把技术规范或可公开提供的规范转换成国际标准。

新工作项目提案（NP）阶段，应提供委员会通过的包含下列内容的决议：

a）目标日期；b）确认范围不会扩大；c）召集人或者项目负责人。技术委员会还将发起专家征集（不需要表 4，见附录 E）

对于将技术规范或可公开提供的规范转换成国际标准，需要 2/3 简单多数决议通过。

如果修订导致范围的扩大，则需要发起新工作项目提案的投票，需要填写新工作项目提案申请表表4（附录E）。

2.2.2.2　现有技术委员会（TC）或分委员会（SC）范围内的新工作项目提案可由下列相关组织提出：

　　a）国家成员团体；

　　b）技术委员会或分委员会秘书处；

　　c）另一个技术委员会或分委员会；

　　d）A类联络组织；

　　e）技术管理局或其一个咨询组；

　　f）首席执行官。

2.2.2.3　新工作项目提案的提案单位应完成以下工作：

　　a）尽量提供工作草案初稿以供讨论，或至少应提供工作草案大纲；

　　b）提名一名项目负责人；

　　c）每个新工作项目提案均应使用适当表格提交，技术委员会或分技术委员会主席和秘书处讨论该提案，以决定适当的标准编制情况和起草项目计划。

如果新工作项目提案属于现有技术委员会的工作范围，应将表格提交给相应的委员会秘书处或者提交给CEO办公室。

CEO办公室或相关委员会主席和秘书处应确保该提案单位依据ISO和IEC要求进行新项目提案标准的正常制定，并提供足够的信息支持国家成员团体作出合理的决定。

CEO办公室或相关委员会主席和秘书处还应评估提案与现有工作的关系，并咨询有关利益相关方，包括技术管理局或开展现有工作的委员会。如有必要，可以成立一个临时工作组对提案进行审查，提案审查均不应超过2周时间。

在任何情况下，CEO办公室或相关委员会主席和秘书处都可以在提案表格上添加意见或建议。

如果新工作项目提案不属于现有技术委员会的工作范围，则应授权一个机构来制定新工作项目提案。技术管理局应确认对新工作项目提案的投票结果，如果通过，则应成立一个项目委员会（详见附录C）。

填写好的表格应分发给技术委员会或分技术委员会成员，供P成员进行书面投票，供O成员和联络成员参考。关于表格和投票的说明如下：

　　a）应在表格中注明建议出版的日期；

　　b）应采用通讯方式对新工作项目提案做出决定（即NP投票）；

　　c）应在12周内反馈投票结果；

　　d）委员会可视情况通过决议将新工作项目提案的投票期限缩短为8周；

　　e）当投出反对票时，国家成员团体应阐述其反对的理由（"理由说明"）。如果没有提供合理的说明，该国家成员体的反对票将不予登记和考虑。

2.2.2.4　通过提案阶段的条件

　　a）参加投票的技术委员会（TC）或分委员会（SC）积极成员（P成员）的有效票数的2/3为赞成票。下列情况为无效票：a）弃权票；b）反对票无合理理由且在委员会秘书处询问后2周内仍没有答复合理理由。

注：秘书处不得对国家成员体的理由回复做出价值判断，如有疑问应联系询问该国家成员体。

b）投赞成票的 P 成员承诺积极参与标准制定并指派专家的数量要满足下列条件：

1）P 成员在 16 个或以下的委员会至少有 4 个 P 成员指派专家；

2）P 成员在 17 个或以上的委员会中至少有 5 个 P 成员指派专家和对工作草案提出评论意见作出有效贡献；

注 1：投赞成票但未指派专家的 P 成员，可在投票结果出来后的 2 周内指派专家。如果 2 周内仍未指派专家，该国家成员体承诺的积极参与将不予登记和考虑，这将影响投票结果是否符合通过要求。

2：如果能证明该领域只有非常少数的 P 成员掌握行业或技术知识，则技术委员会可向技术管理局提出申请，允许指派的技术专家人数少于 4 名或 5 名。

各委员会可提高对提名专家的最低要求。

2.2.2.5 新工作项目提案一旦被接受，就将作为一个新项目以适当的优先顺序纳入相关技术委员会（TC）或分委员会（SC）的工作计划中，并在 CEO 办公室注册。在相关表格中应注明一致同意的目标日期。

秘书处将在投票结束后 4 周内将投票结果报送给 ISO 中央秘书处。

2.2.2.6 新工作项目被纳入工作计划后，提案阶段即告结束。

提案阶段的工作是提交新工作项目提案（NP），并纳入工作计划。通常在这一阶段对一个新标准、某个现行标准的部分新内容、修订现行标准等内容进行提议。这一步骤是为了确认该标准领域的市场是否真正需要。

注意：只要标准的范围不变，修订和调整已经发布的国际标准，可跳过此阶段。

2.2.3 立项成功后阶段

2.2.3.1 准备阶段（20）

根据《ISO/IEC 导则》第 2 部分的相关要求准备工作草案（WD）。

如果一个新工作项目被接受，项目负责人应与 P 成员在批准阶段提名的专家一起工作。秘书处可以建议委员会（TC 或 SC）通过大会决议或者技术委员会内部投票（CIB）成立新工作组。技术委员会（TC）或分技术委员会（SC）应规定工作组（WG）的任务，并确定向其提交草案的目标日期。

工作组由专家和召集人（通常是项目负责人）组成（详见附录 D）。项目负责人应负责制定项目并负责召集和主持工作组（WG）会议，项目负责人可以邀请工作组一名成员承担秘书工作。工作组（WG）的召集人应保证所开展的工作仍是投票时所确定的工作项目。通常情况下，工作组（WG）的召集人担任项目负责人。

注意：ISO/TC 平台可用于在此阶段和其他阶段共享文档。在这个阶段，专家们继续关注版权、专利和合格评定等问题。

工作草案（WD）在此阶段可以不断修改，并分发给各位专家，直到专家们满意，并认为此稿是他们已经编制出最好的解决方案。该草案将作为第一版委员会草案（CD）分发给技术委员会或分委员会成员并由 CEO 办公室负责登记，准备阶段即告结束。该委员会将决定是进行委员会审议阶段还是征询意见阶段。委员会还可决定将最终工作草案作为

PAS 发布，以满足特定的市场需求。

2.2.3.2　委员会阶段（30）

　　首先，委员会阶段并非是强制的，是可以选择跳过的。如果委员会使用这个阶段，委员会草案（CD）将分发给委员会成员，然后在系统上进行投票。

　　委员会阶段是考虑国家成员团体意见的主要阶段，目的是在技术内容上达成一致意见。因此，国家成员团体应认真研究委员会草案文本并提交与这一阶段相关的所有评论意见。一旦得到委员会草案，秘书处将以 CD 投票的形式将委员会草案分发给技术委员会或分委员会 P 成员及 O 成员，并明确评论意见最晚回复日期。这一阶段的投票时限通常为 8 周、12 周或者 16 周，通常系统默认为 8 周。CD 投票结束后，秘书处将在 4 个星期内准备好意见汇总，并将其分发给技术委员会或分委员会所有的 P 成员和 O 成员，在此期间秘书处应与技术委员会或分委员会主席协商，如有必要与项目负责人协商提出项目处理意见：

　　a）下次会议上讨论委员会草案及评论意见；或

　　b）分发修改后的委员会草案供研究；或

　　c）登记征询意见阶段用委员会草案。

　　技术委员会或分技术委员会应在协商一致的原则基础上做出分发征询意见草案的决定。协商一致定义（《ISO/IEC 导则》第 2 部分）：

　　"协商一致：总体同意，其特点在于利益相关方的任何重要一方对重大问题不坚持反对立场，并具有寻求考虑所有相关方的意见和协调任何冲突的过程。

　　注：协商一致并不意味着一致同意。"

　　在 ISO 中，假如对协商一致有疑问，只要由参加投票的技术委员会或分技术委员会的 P 成员的 2/3 投票同意，就可认为该草案足以被接受，可以作为征询意见草案予以登记，但应努力解决反对票问题。

　　当所有技术问题得到解决，并且委员会草案作为征询意见草案分发，并由 CEO 办公室登记后，委员会草案即告结束。注册前，凡是不符合《ISO/IEC 导则》第 2 部分的文本应退回秘书处进行修改。如果技术问题不能在适当的时间范围内得到完全解决，技术委员会或分技术委员会可以考虑在该文件成为国际标准的协议达成前，以技术规范的形式作为一种中间出版物出版。

2.2.3.3　征询意见阶段（40）

　　国际标准草案（DIS）将由委员会秘书提交 ISO 中央秘书处（首席执行官）。然后由 CEO 办公室分发给所有 ISO 成员，之后将有 12 周的时间投票并对其进行评论。如果参加投票技术委员会或分技术委员会 P 成员 2/3 多数赞成，并且反对票不超过投票总数的 1/4，国际标准草案（DIS）将被批准。如果被批准，草案中没有引入技术性修改，项目将直接发布，进入出版阶段。但是，如果引入技术性修改，注册经过修改后的征询意见草案将作为最终国际标准草案（FDIS）。当国际标准草案未被批准时，征询意见草案经意见征集或大会讨论被修改并注册为第二版国际标准草案（DIS）进行投票，投票期通常为 8 周，但是可以根据 P 成员国的要求延长至 12 周。

2.2.3.4　批准阶段（50）

　　进入批准阶段，最终国际标准草案（FDIS）由委员会秘书提交给 ISO 中央秘书处（ISO/CS）。CEO 办公室将在 12 周内将最终国际标准草案（FDIS）分发给所有 ISO 成员国进行为期 8 周的投票（在将草稿发送到中央秘书处（ISO/CS）时，应使用提交界面

Submission Portal)。国家成员团体提交的投票应非常明确地表示赞成、反对或弃权。若投票反对，需陈述技术理由，但不能投以接受修改意见为条件的赞成票。

需要特别指出的是，在这一阶段，一般只接受普通的编辑性修改意见，而不接受投赞成票所附的技术性修改意见。通过最终国际标准草案（FDIS）的条件与征询意见阶段相同，即参加投票的2/3技术委员会（TC）或分技术委员会（SC）的P成员赞成，并且反对票不超过投票总数的1/4，则该标准被批准。

FDIS投票期间收到的所有评论意见将保留待下次国际标准复审时进行讨论，并在投票表格中标注"备注以供将来考虑"。但是秘书处和CEO办公室可以一起寻找明显的编辑性错误。被批准的最终国标准草案（FDIS）不接受技术性修改。

CEO办公室在投票结束的两周之内向所有成员国分发报告，在报告中公布投票结果并指明国家成员团体正式通过将其发布为国际标准还是正式否决了该最终国际标准草案。

注意：如果国际标准草案（DIS）已被批准，并且没有引入技术性更改，则会自动跳过此阶段，但是如果草案在国际标准草案（DIS）阶段纳入了技术性变更，即使国际标准草案（DIS）已被批准，最终国际标准草案（FDIS）阶段也会成为强制性的。

如果最终国际标准草案未获通过，则文件将会被退回相关的技术委员会或分技术委员会，委员会将依据反对票的技术理由重新考虑。

委员会可以决定：

1）从新提交修改后的草案作为委员会草案（CD）、征询意见草案（DIS）或最终国际标准草案再次提交；

2）出版技术规范；

3）出版可公开提供的规范；

4）取消项目。

2.2.3.5 出版阶段 * （60）

CEO办公室应在6周之内校正技术委员会和分技术委员会秘书处指出的所有错误，并且印刷和分发国际标准。

国际标准制定全流程如表2-3所示。

国际标准编制阶段   表2-3

阶段	子阶段						
	00 注册	20 开始主要活动	60 完成主要活动	90 决议			
				92 重复较早的阶段	93 重复当前阶段	98 终止	99 继续进行
00 预研阶段 (PWI)	00.00 收到新工作项目提案	00.20 审议新工作提案	00.60 结束审议			00.98 终止新工作项目提案	00.99 批准对新工作项目提案投票表决
10 提案阶段 (NP)	10.00 注册新工作项目提案 (NP)	10.20 新工作项目投票启动	10.60 投票结束	10.92 提案返回提交者进一步阐明		10.98 新项目被拒绝	10.99 批准新项目
20 准备阶段 (WD)	20.00 在TC/SC工作计划中注册新项目	20.20 工作草案（WD）研究启动	20.60 评论期结束			20.98 项目取消	20.99 批准把WD注册为CD

阶段	子阶段						
	00 注册	20 开始主要活动	60 完成主要活动	90 决议			
				92 重复较早的阶段	93 重复当前阶段	98 终止	99 继续进行
30 委员会阶段 (CD)	30.00 委员会草案 (CD) 注册	30.20 开始对 CD 进行研究/投票	30.60 投票/评论期结束	30.92 CD 退回工作组		30.98 项目取消	30.99 批准把 CD 注册为 DIS
40 征询意见阶段) (DIS)	40.00 国际标准草案 (DIS) 注册	40.20 DIS 投票开始: 12 周	40.60 关闭结束	40.92 分发完整报告: DIS 退回 TC 或 SC	40.93 分发完整报告: 决定对新 DIS 投票	40.98 项目取消	40.99 分发完整报告: 批准把 DIS 注册为 FDIS
50 批准阶段 (FDIS)	50.00 最终国际标准草案 (FDIS) 注册	50.20 样稿发送至秘书处或启动 FDIS 开始: 8 周	50.60 关闭结束, 由秘书处退校样稿	50.92 FDIS 返回 TC 或 SC		50.98 项目已取消	50.99 批准 FDIS 发布
60 出版阶段 Publication	60.00 国际标准正在出版		60.60 国际标准出版				
90 复审阶段 Review		90.20 国际标准定期复审	90.60 复审结束	90.92 国际标准修订	90.93 确认国际标准		90.99 TC 或 SC 提出撤销国际标准
95 撤销阶段 Withdrawal		95.20 发起撤销投票	95.60 投票结束	95.92 决定不撤销国际标准			95.99 撤销国际标准

2.2.4 提案单位工作重点

为使得新项目能够顺利通过,提案单位在立项申请前应于国内技术对口单位进行事先沟通,并由国内技术对口单位将项目情况与技术委员会(TC)或分技术委员会(SC)秘书处进行联系。通常情况下,新工作项目提案在报送前应准备好工作草案或大纲并与相应技术委员会(TC)或分委员会(SC)进行沟通。提案单位或其代表参加该年的技术委员会(TC)或分委员会(SC)工作会议,对新项目进行大会介绍和讨论,以便获得更多国家的支持,然后再完成申请流程。

除大会宣讲外,申请人也可以在会下与各国代表充分沟通提案内容,以其获得相应国家代表的支持,为提案通过做努力。

新工作项目提案如果需要新成立工作组(WG)完成标准编制工作,可以在提案表格4(Form4)中明确,通常情况下新工作项目获得批准立项后,由相应的技术委员会秘书处通过大会决议或委员会内部投票(CIB)创建新的工作组和任命工作组召集人。

3 国际标准申报技术要求

国际标准项目的申报，前期需要大量的调研工作，尤其是在国际标准申报开始之前，要进行必要的技术准备，在这个过程中逐渐明确标准在立项过程中可能面临的问题，并提出相应的对策，这样可增大标准立项的成功概率。

技术准备的内容可分为国际标准的技术内容和国际标准的申报技术两个方面来考虑。就标准本身的技术而言，进行必要性、可行性分析是确保标准项目申报成功的重要基础；申报技术是指了解国内外标准情况的基础上，运用有效的沟通方式增加立项成功的可能性。

3.1 必要性分析

3.1.1 技术背景调研

在立项国际标准前，应进行国家技术经济政策的了解，掌握标准在国内的技术优势和与国外技术相比较而言的先进性。技术背景的调研从标准内容和技术发展水平两个方面进行。

对于我国正在大力推广而国外较少关注的技术领域，标准在立项过程中受到的国外阻力相对较少，同时在国内获得的各方面支持也较容易，但受限于技术成熟度，在编制过程中需要的投入也较大。

对于我国已经成熟而国外关注较少的技术领域，标准如能成功立项，对于我国的产业利益具有较大好处，这样的标准项目意义重大，但应充分了解国外在该领域的技术实力，充分做好前期调研，争取更多国家的支持。

对于国内外均尚未成熟的技术领域，标准在立项过程中相对容易。但由于该技术市场需求较少导致国内的政策支持有限，而且在编制过程中还需要大量的投入，因此在前期需进行严谨的论证，确保项目能顺利完成。有时因为缺乏国内外支持，标准项目有可能由国际标准（IS）变为技术报告（TR）进行发布。

对于国内外都相对成熟的技术领域，标准项目在立项过程中有可能会面对来自技术成熟国家的反对声音。因此，前期的调查研究应充分，对项目的成功可能性应进行论证。必要时，可以邀请其他成员国共同主导某项国际标准的开发，可以增加立项成功的概率。

此外，个别情况下，对于国内依赖国外较多而国际上成熟的技术领域，应广泛参与国际标准化活动，促进我国技术的发展。

3.1.2 项目申报类型

3.1.2.1 确定项目属性

一般来说，国际标准应具有以下特点：

a) 在全球市场对监管和市场需求做出快速反应；

b) 反映了不同国家的科技发展水平；

c) 没有扭曲市场；

d) 对公平竞争没有不利影响；

e) 没有限制创新和技术发展；

f) 当不同国家和地区存在不同的需求时，没有对特定国家或地区给予优先；

g) 基于性能而不是基于设计规定。

因此一项国际标准的制定和采用不满足上述要求的话，就会被认为对自由贸易制造了一个壁垒。

3.1.2.2　确定项目所属领域

拟提案项目在遵循以上原则的基础上，应明确项目是否为新的工作领域项目，或者是在某技术委员会工作范围内的项目。

1) 新工作提案（proposal for new work）：技术活动新领域或新工作项目的提案。

2) 新技术活动领域提案（proposal for a new field of technical activities）：对于现有委员会（如一个技术委员会、分委员会和项目委员会）业务范围未涵盖的领域提出的标准制定提案。（通常用于筹建新的技术委员会或分技术委员会）

3) 新工作项目提案（proposal for a new work item）：对于现有委员会（如一个技术委员会、分委员会和项目委员会）工作范围领域内提出标准或一系列相关标准制定提案。

3.1.2.3　利益相关方调研

开展任何新工作提案的前提条件都应是有足够数量的利益相关方，并明确表示愿意安排必要的人力和资金，积极参加这项工作。通常来说，利益相关方包括：

1) 政府；

2) 投资方；

3) 建设方；

4) 监管方；

5) 咨询方（包括招标代理，设计方，监理方等）；

6) 建筑产品生产企业；

7) 第三方检测认证；

8) 担保保险机构；

9) 研究机构。

3.1.2.4　立项的一般原则

1) 全球相关性原则

世界贸易组织通过的《世界贸易组织贸易技术壁垒协议》（WTO/TBT）赋予ISO一个义务，即确保制定、采用和出版的国际标准具有全球相关性。在协议第二次三年期修订版的附件4第10段中，给出了一项具有全球相关性标准应满足的要求：

a) 在全球市场对监管和市场需求做出快速反应；

b) 反映了不同国家的科技发展水平；

c) 没有扭曲市场；

d) 对公平竞争没有不利影响；

e) 没有限制创新和技术发展；

f) 当不同国家和地区存在不同的需求时，没有对特定国家或地区给予优先；

g) 以性能为基础，而不是设计规定性的。

在全球市场范围内，一项国际标准应具备通过影响行业和其他利益相关方使标准得到尽可能多地使用和实施的特性。

任何国际标准都应遵守上述定义，并且在可能的范围内代表唯一的国际解决方法。假如由于合法市场和本质差别，使得目前一项国际标准的特定条款还不能作为唯一的国际解决方法，那么该国际标准可为适应这些合理差异提供选择方法。

任何新工作提案都应在其所提交组织的业务范围之内。对新工作的说明文件应包括有关提案的市场调研和相关案例。

2）性能原则

《ISO/IEC导则》第2部分中5.4条"性能原则"摘录："可能的话，应对性能提出要求，而不是对设计或外观特征提出要求。这一原则确保了技术发展的最大自由，同时减少了不良市场影响带来的风险（例如，创新方案的限制）"。

考虑到这些引用，基于性能方法的运用被广泛认为有助于具有全球相关性的国际标准的制定。设计标准限制了未来技术的创新，性能标准最大程度的提供未来技术创新自由。然而，在实践中可能存在这样的案例，是在基于性能的标准中存在一些适用的包含设计要求的条款，或者也存在这样的情况，一个完全基于设计的标准制定是可行的，并成为具有全球相关性的国际标准。

根据此原则，委员会应该判断在其制定的ISO可供使用文件中当前和潜在的市场变化差异（基于法律、经济、社会条件、贸易模式、市场需求、科学理论、设计哲学等）。

3.1.2.5 公共政策相关标准的制定原则

1）相关背景

2007年ISO大会中关于国际标准和公共政策的公开会议上提出了对国际标准非常重要的一个变化，即国际标准和公共政策的关系，同样也是来自国际标准用户中主要的一类（政府）的特别需求和关注。ISO和IEC共同合作制定通用原则和指导，确保其标准解决了政府机构的相关需求和关注。政府需要符合WTO/TBT条件的标准和支持技术法规或采购行动的标准。

应当指出，ISO和IEC本身不直接代表政府的利益。关于ISO和IEC标准的共识反映了标准起草层面的一系列利益相关者的一致意见，并反映了国家标准机构在标准层面的共识。国家对ISO或IEC标准的立场不一定是政府立场。

2）制定原则

a）ISO和IEC致力于制定有利于市场良性发展的国际标准，具有全球共识性而不是主观判断。提供可信的技术工具，以支持实施监管和公共政策。

b）ISO和IEC致力于制定与市场相关的国际标准，满足所有利益相关方，包括政府机构的需求和关注，而不寻求建立公共政策、法规或社会和政治议程。

c）ISO和IEC声明，实施监管、公共政策或国际条约的制定和解释是政府或条约组织的任务。

d）支持实施监管和公共政策的ISO/IEC标准最好在ISO/IEC框架结构下进行，并通过 ISO/IEC 指令中详细说明的可行的操作方法实现。

使用特殊委员会的框架结构、程序或参与模式可能会损害支持实施监管和公共政策的 ISO/IEC 标准的可信性和适用性。

3.2　可行性分析

ISO 的目标是其每个国际标准都代表了全球共识和全球市场需求。为了达到这个目标，国际标准应最大程度的代表全球的技术发展水平，因此在标准项目前期准备过程中，应充分了解和掌握相关领域的标准情况，进行国内外相关标准检索分析和专利检索分析。

3.2.1　国内外标准的检索分析

ISO 的新项目提案表中，要求列出已知的相关文献（如标准和法规）无论其出处，都应体现它们的指导意义。此外，还应明确这些文件与现有工作的关系和影响。

对于现有的、已交付国际标准化组织（ISO）的成果，提案申请人应充分解释新的工作提案与同类工作的不同之处，或解释如何减少重复和冲突。为了避免重复矛盾，如果相似或相关的工作已在其他委员会或其他组织的业务范围，提案中的范围应与其他工作范围区分开。提案申请人应表明，其所提交的提案是否可以通过扩大现有委员会的业务范围或是通过建立一个新的委员会来处理。

在检索到有相关国家标准作为拟提案项目的技术基础时，对于新技术活动领域的提案，应提供一份该提案主题对其国家商业利益有重要意义的国家清单；对于现有委员会新工作项目的提案，应提供一份还不是委员会 P 成员但新提案对该国商业利益有重要意义的相关国家清单。

3.2.2　专利检索分析

根据《ISO/IEC 导则》第 1 部分附件 I ITU-T/ITU-R/ISO/IEC 的共用专利政策实施指南，ITU、ISO 和 IEC 在多年前就制定了各自的专利政策，其目的是为了给参加各自组织的技术团体在遇到专利权问题时提供简单明了的使用指导。该专利政策鼓励尽早披露和标识那些可能与正在制定的建议书或可交付使用文件有关的专利。早期披露和标识可能提高标准制定效率并且可能避免潜在的专利权问题。不过应该知晓，ISO 和 IEC 的专用规定不应与共用专利政策实施指南发生矛盾。

专利（Patents）一词意思是基于发明唯一性的程度以专利权、实用新型及相关法定权利的形式提出的被保护及鉴别的主张（包括其中任一点的应用）。

专利权人（Patent Holder）是拥有、控制专利或者有能力给予专利许可的人或者实体。

根据专利政策第 1 段的规定，参加 ITU、ISO 或 IEC 工作的任何当事人一开始就应该提请注意自己组织或其他组织已知的任何专利或已知的正在处理的专利申请。

在这种情况下，"一开始"意味着应该在建议书或可交付使用文件制定期间尽可能早地披露上述信息。制定期间出现的第一个文本草案也许不可能做到这一点，因为此时的文本也许还不够清晰或其后还需要进行重大修改。而且，应该诚实且尽最大努力提供这方面信息，不过并不要求进行专利查询。

除上述要求外，没有参与技术团体的任何当事人也可以提请 ITU、ISO 或 IEC 注意已知的任何专利（这些团体自己的或任何第三方的专利）。在披露他们自己的专利时，专利权人必须按照指南规定填写《专利陈述和许可声明表》（简称"声明表"，见附录 E）。

提请注意任何第三方专利的任何信息应该以书面形式交与相关组织。有关组织将请求专利持有人提交"声明表"。

专利政策和本指南中的指导规则也适用于在建议书或可交付使用文件批准后披露的或提请 ITU、ISO 和/或 IEC 注意的任何专利。

无论专利是在建议书或可交付使用文件批准之前还是批准之后标识的，如果专利持有人不愿意按照专利政策授予许可，ITU、ISO 或 IEC 将迅速通告负责受影响的建议书或可交付使用文件的技术团体，以便采取相应的措施。这类措施包括（但是可以不限于）审查该建议书、可交付使用文件或其草案等，以便消除潜在的矛盾，或者进一步检查避免引起技术矛盾。

为了促进标准制定过程和建议书或可交付使用文件的应用，ITU、ISO 和 IEC 都向公众提供一个专利信息数据库，其中的信息是以声明表的形式传递给 ITU、ISO 和 IEC。专利信息数据库可能包含特定专利的信息，或可能没有包含此种信息而是陈述某个具体建议书或可交付使用文件符合专利政策。

专利信息数据库不保证信息的准确性和完备性，仅仅反映已经传递给 ITU、ISO 和 IEC 的信息。因此，专利信息数据库可以看成是树起的一面旗帜，用于提醒用户，这些用户可能希望与那些已经向 ITU、ISO 或 IEC 提交声明表的实体联系，以便确定为使用或实施某个具体建议书或可交付使用文件是否必须获得专利使用许可。

在专利声明和许可申报表中明确规定了分配或转让专利权的规则。通过遵守这些规则，在分配或转让专利权后，专利权人将免除对许可承诺的义务和责任。当然，这些规则并不是为了强迫专利权人遵守许可承诺。

3.3　国内外交流协调

一般而言，拟提案的新项目在提交前进行的可行性分析阶段，应充分进行国内外调研和相关文件的检索。通常，新项目在预研阶段应与国内技术对口单位联系并与项目相关领域的 ISO 技术委员会或分委会的秘书处联系，提交相关的项目介绍，并获得技术对口单位和秘书处的支持。其交流协调工作的目的在于：

（1）找到相关技术委员会进行标准立项，明确项目所属工作组或者建立新的工作组；

（2）使得技术委员会全体成员在立项投票前对项目有所了解，并讨论协调冲突和矛盾；

（3）为项目确定合理的计划、范围和内容；

（4）有助于项目立项成功并获得更多国家的支持和参与；

（5）通过沟通，熟悉 ISO 的立项流程和工作方法；

（6）在秘书处的指导下，更好地完成立项相关的准备工作。

3.3.1 国际标准相关信息

（1）向国际标准化组织直接查询

直接登录 ISO 网站查询有关国际标准化活动的信息，查询方式如表 3-1 所示。

国际标准化活动信息查询方式   表 3-1

查询内容	相关链接
标准版本、相关术语等	https://www.iso.org/obp/ui/
相关工作组和委员会信息	https://www.iso.org/technical-committees.html

（2）向 ISO 国内技术对口单位咨询

ISO 国内技术对口单位负责参与和跟踪各技术领域的国际标准化活动，可通过咨询获得更加详细的信息。如了解相关技术机构出版过哪些国际标准，秘书处设置在哪个国家，该技术委员会主要的技术方向有哪些等信息。

（3）学习相关出版物和资料

主要的参考资料包括：

1）ISO/IEC 导则；

2）国际标准化工作手册；

3）国际标准化教程；

4）国际标准化组织目录；

5）ISO 认可的国际组织标准、法规类文献；

6）参加国际标准化活动管理办法；

7）企业参与国际标准化活动工作指南。

3.3.2 国际标准技术交流

项目在立项前，首先报行业主管部门（住房和城乡建设部标准管理部门），取得行业主管部门的认可和支持；其次，积极参与拟申报项目所在工作组和技术委员会的工作。通过充分的前期准备，可以积极争取该工作组或技术委员会内各国专家的支持。在参与过程中，对 ISO 国际标准项目从立项到发布的全过程也会有最直观的了解。在不违反 ISO 章程的前提下，每个技术委员会都有自身的特点，加强与秘书处和其他国家专家的沟通对于国际标准立项是至关重要的。

一般情况下，项目投票前建议提案人先与国内技术对口单位取得联系，再由国内技术对口单位和提案人共同针对提案与秘书处进行沟通。ISO 秘书处或者国内技术对口单位的联系顺序没有规定，但通过国家标准化管理委员会（SAC）提交的立项申请需经国内技术对口单位和行业主管部门（住房和城乡建设部标准管理部门）同意并盖章。国内技术对口单位在国际上叫国家镜像委员会，组织该国专家参与技术委员会的标准化工作，因此建议项目投票前先与本国的国内技术对口单位联系，再由国内技术对口单位与 ISO 秘书处进行提案沟通。在国际技术交流方面，如果项目提案人已经参与国际标准化组织工作并参加会议，可利用开会期间与技术委员会的专家讨论提案，让专家能够尽可能了解提案项目内容，增加立项的可能性并获得专家的支持和参与。

4 国际标准申报人员要求

参与国际标准化活动，其核心就是沟通、协商和博弈的过程，而人是这些过程中的实施主体。因此了解标准化工作中涉及相关人员的职责，从而能够在标准立项过程中与他们进行有效沟通就成为标准化工作的重要内容，要求参与人员充分做好各方面工作准备：除了所参与技术领域必备的技术知识背景和具备较好的外语水平外，还应该充分了解国际标准化工作基本规则，具有良好的沟通交流、协调能力。本章内容将重点阐述标准立项过程中，标准提案人需要了解的技术委员会组织与职责、提案人的工作与要求以及国际标准化活动的参与方法等。

4.1 技术委员会组织与职责

技术委员会是国际标准化组织（ISO）在不同技术领域中开展标准化活动重要组织机构，因此要开展国际标准化工作，首先就要了解技术委员会的组织机构，以及其工作方式，见图4-1。

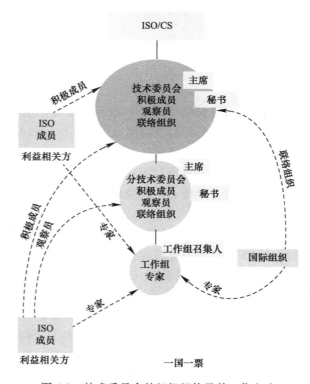

图 4-1　技术委员会的组织机构及其工作方式

4.1.1 成员国类型

技术委员会由各成员国指派专家组成，并通过成员国协商、表决的形式推动相关工作的开展。各国家成员体都有权参与每个技术委员会和分委员会，其类型可以分为：

（1）积极成员（P成员）。积极参加其中的工作，履行对技术委员会或分委员会内正式提交投票的所有问题、征询意见草案和最终国际标准草案进行投票以及参加会议的义务，在ISO作为标委会P成员的国家成员体有义务对所有的系统评价进行投票；

（2）观察员（O成员）。以观察员身份跟踪工作，因此收到委员会文件并有权提出评论意见和参加会议。

国家成员体可以做出既不作为某一技术委员会的P成员也不作为其O成员的选择，在这种情况下，该国家成员体对该技术委员会既无以上规定的权利也不承担上述义务，但是，所有国家成员体不管其在技术委员会或分委员会中的身份如何，都有权对国际标准草案（DIS）和最终国际标准草案（FDIS）进行投票。

4.1.2 技术委员会和分委员会主席

技术委员会主席负责该技术委员会的全面管理，包括所有分委员会和工作组。

技术委员会（TC）或分委员会（SC）主席应以纯粹国际身份工作，放弃其本国观点。因此，不能在其技术委员会内同时作为国家成员体的代表；

技术委员会或分委员会主席应该履行以下职责：

（1）指导技术委员会（TC）或分委员会（SC）秘书履行其职责；

（2）召集会议，统一委员会草案的意见；

（3）保证在会议上充分归纳各方发表的观点，使所有与会者都能理解这些观点；

（4）保证在会议上讨论后所有决定，由秘书提供书面文件，以便在会议期间进行确认；

（5）在征询意见阶段作出适当的决定；

（6）通过技术委员会秘书处就与技术委员会有关的重要事务向技术管理局提出意见，为此，主席也要通过分委员会秘书处，听取分委员会主席的汇报；

（7）确保技术管理局的战略决定和政策在其技术委员会内得到贯彻执行；

（8）确保战略业务计划的制定和维护，战略业务计划包括技术委员会及其所有向技术委员会报告的工作组和所有分委员会；

（9）确保战略业务计划的实施和应用与技术委员会或分委员会的工作计划活动相协调一致；

（10）帮助处理对委员会决议提出的申诉，如果会议上主席出现缺席情况，可由参会者选出一名会议主席。

鼓励委员会在发达国家成员体和发展中国家成员体之间建立主席/副主席结对协议（每个委员会限制一个副主席）。结对方（主席）和被结对方（副主席）通过双方协议决定。副主席应是该委员会的P成员代表。同样的规则适用于主席和副主席的任命和任期。主席和副主席之间责任划分应由双方协议决定（最好是在结对协议中），相应的通知委员会成员和CEO办公室。

4.1.3 技术委员会和分委员会秘书处

秘书处有责任确保国际标准化组织（ISO）导则、理事会和技术管理局决定得到执行。

秘书处应以纯粹的国际身份工作，放弃其本国观点。

秘书处应确保按时完成下列各项工作：

（1）工作文件

1）准备委员会草案，安排草案的分发，并负责处理收到的评论意见；

2）征询意见阶段国际标准草案和批准阶段最终国际标准草案分发文本的准备；

3）确保英文和法文文本的等效性，必要时可以寻求有能力并愿意承担相关语言版本工作的其他国家成员体的协助。

（2）项目管理

1）协助设立每个项目的优先事项和目标日期；

2）向 CEO 办公室提供所有工作组和维护团队召集人以及项目负责人的相关信息；

3）主动建议发布替代的可交付文件，取消超期严重或缺乏足够支持的项目。

（3）会议

1）制定并分发会议日程；

2）安排分发会议议程中的所有文件，包括工作组报告，并指明会议期间需要讨论的所有其他文件；

3）涉及会议上做出的决定（也称为决议）：

a）确保支持工作组建议的决议包含具体的支持措施；

b）在会议期间提供书面形式的决议以供确认；

c）在会议后的 48 小时内向技术委员会成员在线分发大会决议。

4）会议后 4 个星期内准备会议纪要并分发。

（4）建议

向主席、项目负责人和召集人提供相关项目进展程序的建议。

在任何情况下，每个秘书处在工作上都应与它的技术委员会或分委员会的主席保持紧密联系。

技术委员会秘书处应与 CEO 办公室保持密切联系，并在其活动中与技术委员会成员保持密切联系，包括与分委员会及工作组成员保持密切联系。

分委员会秘书处应与其技术委员会秘书处保持密切联系，必要时还要与 CEO 办公室保持密切联系，在其活动中还应与分委员会成员（包括工作组成员）保持密切联系。

技术委员会或分委员会秘书处应同 CEO 办公室更新委员会成员状况记录。

鼓励在发达国家成员体和发展中国家成员体之间建立秘书处/联合秘书处结对协议（每个委员会限制一个联合秘书处）。结对方（秘书处）和被结对方（联合秘书处）通过双方协议决定。联合秘书处应是该委员会的 P 成员。同样的规则适用于秘书和联合秘书处的分配。秘书处和联合秘书处之间责任划分应由双方协议决定（最好是在结对协议中），相应的通知委员会成员和 CEO 办公室。

4.1.4　项目委员会

项目委员会由技术管理局建立，用以编制不属于现有技术委员会范围的个别标准。当希望将项目技术委员会转变为技术委员会时，应遵循《ISO/IEC 导则》第 1 部分中规定的新建技术委员会成立流程。

4.1.5　工作组

技术委员会或分委员会可为完成专项任务设立工作组。工作组通过上级技术委员会指定会议召集人向上级技术委员会或分委会报告工作。

工作组是由其所在委员会的 P 成员、A 类联络组织和 C 类联络组织分别指派的有人数限制的专家组成，旨在处理分配给工作组的特定任务。专家以个人身份工作，而不是作为指派他们的 P 成员或 A 类联络组织的官方代表，C 类联络组织任命除外。建议他们与指派他们的 P 成员或者组织保持密切的联系，以便将工作组的工作进展情况和各种意见尽量在早期阶段通报给 P 成员或组织。

工作组召集人应当由委员会任命，每届任期三年，在下一个技术委员会全体会议后结束。这种任命由国家成员体（或联络组织）予以确认。召集人可再续任三年，没有续任的次数限制。

4.1.6　技术委员会之间的联络

每个组织内部工作在相关领域的技术委员会或分委员会间应建立并保持联络关系。需要时，还要与负责标准化（如术语学和图形符号）基础工作的技术委员会建立联络关系，联络应包括基础文件（包括新工作项目提案和工作草案）的交换。委员会可以通过一项决议来决定是否建立内部联络。委员会接到建立内部联络的请求时不能拒绝，但没有必要通过决议确认接受。

技术委员会或分委员会可指派一名或若干名观察员跟踪另一个与其建立联络关系的技术委员会或其所属的一个或多个分委员会的工作，应将这些观察员的姓名和通信信息告知相关技术委员会秘书处，该秘书处应将所有相关的文件传递给观察员及其所属的技术委员会或分委员会秘书处。被指派的观察员应向指派其为观察员的秘书处提交工作进展报告。

观察员没有表决权。他们可以参加会议讨论，包括根据从自身委员会收集到的反馈信息，就其自己技术委员会权限内的相关事宜提交书面意见。还可参加该技术委员会或分委员会的工作组会议，但只能就其自身技术委员会权限内的相关事宜提出技术观点，而不得以其他方式参加工作组的活动。

4.2　国内相关管理部门职责

4.2.1　国务院标准化主管部门职责

国家标准化管理委员会负责统一组织和管理我国参加国际标准化活动的各项工作，并代表中国参加 ISO/IEC 组织，履行下列职责：

（1）制定并组织落实我国参加国际标准化工作的政策、规划和计划；

（2）承担 ISO/IEC 中国国家成员体秘书处，负责 ISO/IEC 中国国家成员体日常工作，以及与 ISO/IEC 中央秘书处的联络；

（3）协调和指导国内各有关行业、地方参加国际标准化活动；

（4）指导和监督国内技术对口单位的工作，设立、调整和撤销国内技术对口单位，审核成立国内技术对口工作组，审核和注册我国专家参加国际标准制修订工作组；

（5）审查、提交国际标准新工作项目提案和新技术工作领域提案，确定和申报我国参加 ISO 技术机构的成员身份，指导和监督国际标准文件投票工作；

（6）审核、调整我国担任的 ISO/IEC 的管理和技术机构的委员、负责人和秘书处承担单位，并管理其日常工作；

（7）申请和组织我国承办 ISO/IEC 的技术会议，管理我国代表团参加 ISO/IEC 的技术会议；

（8）组织开展国际标准化培训和宣贯工作；

（9）其他与参加国际标准化活动管理有关的职责。

4.2.2 行业主管部门职责

住房和城乡建设部受国家标准化管理委员会委托，分管城乡建设领域参加 ISO 和 IEC 国际标准化活动，并履行下列职责：

（1）提出国内技术对口单位承担机构建议，支持国内技术对口单位参加国际标准化活动；

（2）指导国内技术对口单位对国际标准化活动的跟踪研究，以及国际标准文件投票和评议工作；

（3）指导、审查国际标准新工作项目提案和新技术工作领域提案；

（4）组织本部门、本行业开展国际标准化培训和宣贯工作；

（5）其他与本行业参加国际标准化活动管理有关的职责。

4.2.3 国内技术对口单位职责

国内技术对口单位具体承担 ISO 技术机构的国内技术对口工作，并履行下列职责：

（1）严格遵照 ISO 的相关政策、规定开展工作，负责对口领域参加国际标准化活动的组织、规划、协调和管理，跟踪、研究和分析对口领域国际标准化的发展趋势和工作动态；

（2）根据本对口领域国际标准化活动的需要，负责组建国内技术对口工作组，由该对口工作组承担本领域参加国际标准化活动的各项工作，国内技术对口工作组的成员应包括相关的生产企业、检验检测认证机构、高等院校、消费者团体和行业协会等各有关方面，所代表的专业领域应覆盖对口的 ISO 技术范围内涉及的所有领域；

（3）严格遵守国际标准化组织知识产权政策的有关规定，及时分发 ISO 的国际标准、国际标准草案和文件资料，并定期印发有关文件目录，建立和管理国际标准、国际标准草案文件、注册专家信息、国际标准会议文件等国际标准化活动相关工作档案；

（4）结合国内工作需要，对国际标准的有关技术内容进行必要的试验、验证，协调并提出国际标准文件投票和评议意见；

（5）组织提出国际标准新技术工作领域和国际标准新工作项目提案建议；

（6）组织中国代表团参加对口的 ISO 技术机构的国际会议；

（7）提出我国承办 ISO 技术机构会议的申请建议，负责会议的筹备和组织工作；

（8）提出参加 ISO 技术机构的成员身份（积极成员或观察员）的建议；

（9）提出参加国际标准制定工作组注册专家建议；

（10）及时向国务院标准化主管部门、行业主管部门和地方标准化行政主管部门报告工作；

（11）与相关的全国专业标准化技术委员会和其他国内技术对口单位保持联络；

（12）其他本技术对口领域参加国际标准化活动的相关工作。

4.3 提案单位的工作与要求

4.3.1 提案提出

新工作项目提案可由下列相关组织提出：

（1）国家成员体（中国国家成员体的秘书处国家标准化管理委员会（SAC）鼓励我国企业、科研院所、检验检测认证机构、行业协会及高等院校等我国的任何机构积极提出国际标准新工作项目提案）；

（2）技术委员会或分委员会秘书处；

（3）其他技术委员会或分委员会；

（4）A 级联络组织；

（5）技术管理局或它的咨询组/咨询委员会；

（6）首席执行官。

4.3.2 提案单位要求

（1）提案单位需从事该领域相应工作；

（2）提案单位能够组织协调国内技术力量及技术专家共同完成提案；

（3）为了保障国际标准内容完整，代表中国最先进的水平和先进的经验，提案单位可与国内在该领域起技术支撑作用的其他单位共同提案。

4.3.3 提案单位工作

（1）提供用于讨论的工作草案初稿，至少应该提供草案大纲；

（2）提出一名项目负责人；

（3）应与技术委员会负责人进行提前沟通，从而确定标准编制时间计划（根据市场需要）和第一次工作会议等工作项目主要节点。

4.3.4 项目负责人的确定

对于每个项目的制定，技术委员会或分委员会应在考虑新工作项目提案提案人提名的基础上指定项目负责人（工作组召集人、指派的专家，或如果认为适当的话，秘书也可以作为项目负责人）。项目负责人应能够开展制定该国际标准的相应工作。项目负责人应从纯粹的国际立场出发，放弃其国家的观点。当对提案阶段到出版阶段产生的技术问题提出要求时，项目负责人应负责解释说明。

4.4 国际标准化活动的参与

4.4.1 参与国际标准化活动

参加国际标准化活动是指参加国际标准化组织（ISO）的相关活动。具体包括：

（1）担任 ISO 中央管理机构的官员或委员；

（2）担任 ISO 技术机构负责人；

（3）承担 ISO 技术机构秘书处工作；

（4）担任工作组召集人或注册专家；

（5）承担 ISO 技术机构的国内技术对口单位工作，以积极成员或观察员的身份参加技术机构的活动；

（6）提出国际标准新工作项目和新技术工作领域提案，主持国际标准制修订工作；

（7）参加国际标准制修订工作，跟踪研究国际标准文件，并进行投票和评议；

（8）参加或承办 ISO 的国际会议；

（9）其他参加的国际标准化活动。

4.4.2 工作组专家注册及职责

拟参加工作组的专家，应首先向国内技术对口单位提出申请。国内技术对口单位负责对专家进行资质审查，向国家标准化管理委员会报送《ISO/IEC 工作组专家申请表》（见附录 B），并抄报相关行业主管部门（住房和城乡建设部）。经国家标准化管理委员会审核后，统一对外报名注册，在新工作项目投票阶段同时提名注册专家，国内技术对口单位应在项目正式立项后，将注册专家信息报国家标准化管理委员会统一注册。

工作组专家应积极参加工作组活动，履行专家义务，与工作组召集人保持密切联络，直接或以通讯方式参加工作组会议，对相关国际标准起草工作做出积极贡献。如专家个人联络信息变更，应及时报送工作组召集人并抄报国家标准化管理委员会、行业主管部门（住房和城乡建设部）及国内技术对口单位。

工作组专家参加工作组活动的技术意见应报国内技术对口单位审核，参加工作组会议的专家，应在会议结束后 30d 内向国内技术对口单位提交参会报告。

建议对工作组的规模予以合理限制。技术委员会（TC）或分委员会（SC）可决定每个 P 成员和联络组织指派专家的最多人数限制。

注册专家参加国际会议应自行在 ISO 网站上注册，同时报备国内对口单位，对口单位再报备国标委审批，但是工作组专家会议不需要国标委审批。

4.4.3 参加技术机构会议

国内技术对口单位负责参加 ISO 技术机构会议中国代表团的组织及参会预案准备工作。国内各有关单位参加国际会议，应向国内技术对口单位提出申请，参加由国内技术对口单位统一组织的中国代表团，不得自行与 ISO 联系。

国内技术对口单位负责对参加国际会议的代表进行资质审查，填写《参加 ISO 和 IEC 会议报名表》（见附录 F），并提出中国代表团组成和团长建议。原则上团长应具有进行表态和发言的技术和语言能力。

4.5　国际标准沟通

4.5.1　标准沟通的必要性

国际标准工作是基于协商一致的原则下开展的，其中标准在每个阶段都需要通过 P 成员投票来决定项目是否可以进入下一个项目阶段。其中新工作项目提案的接受条件为：

（1）参加投票的技术委员会或分委员会 P 成员的 2/3 为赞成票，计票时弃权票不计算在内。

对新工作项目提案，如果成员体投反对票，且没有明确陈述理由，委员会秘书处应将投票返回成员体，并给其 2 周时间提供解释。如果成员体没有在 2 周内做出答复，则投票将不被计算在结果中。秘书处不对理由做评判，在有疑问的情况下必须要询问成员体。

（2）承诺积极参与项目的制定工作，在准备阶段做出有效贡献。包括：指派专家并对工作草案提出评论意见，指派专家的成员体数量要求详见本书 2.2.2.4 节。

积极成员需在表格上填写指派专家，如果积极成员没有指派专家，他们可以在投票结果出来的 2 周内指派专家。如果在延迟时间内仍未完成，则积极成员的参与将不能计算在内，进而影响新项目批准要求。

因此在标准立项前及投票过程中，就需要积极与委员会各 P 成员专家进行沟通，了解各国对于标准提案的意见。从而在此基础上进一步修改完善相关提案文件，以获得 2/3 以上成员国的支持，和规定数量的 P 成员国积极参与项目的制定工作，最终确保项目的立项。

4.5.2　标准沟通的形式

与各国成员国的沟通主要通过以下几种形式：

（1）会议沟通。各技术委员会、分委员会以及工作组会议，是与各国专家就相关技术问题进行面对面沟通的良好契机。通过这种交流方式，沟通技术问题，加深彼此了解，建立较好地私人友谊，将会大大提高国际标准立项以及后期工作效率和成功率。

（2）邮件及电话会议沟通。由于会议沟通成本相对较高，一个技术委员会或工作组每年举行会议的次数一般为一至两次。因此除了面对面的交流外，通过邮件或者利用网络会议平台举行小范围交流，从而就某些问题达成一致，推动项目发展将具有重要意义。

（3）建立双边或多边交流机制。由于我国当前积极鼓励走出去与引进来，因此还可以通过出访相关成员国对口单位，邀请专家来访，或建立区域性国际合作平台等形式，就相关技术问题，以及在该技术委员会内双边或多边合作等问题达成合作。这对于加强我国在该技术委员会内的话语权等都有重要意义。

5 国际标准申报文本要求

在国际标准申报过程中，除技术准备和人员准备外，还应包括提交国际标准新工作提案时的各类文本的准备。文本材料准备的充分与否，会反映前期工作是否做得到位，会影响该国际标准项目通过国内标准管理机构的审核以及国际项目提案建议通过的可能性。基本的文本材料，最能直接反应出该国际标准提案建议是否具备成为国际标准项目的条件，是否符合制定国际标准的基本原则。

文本材料根据《参加国际标准化组织（ISO）和国际电工委员会（IEC）国际标准化活动管理办法》第二十八条的规定，提交国际标准新工作项目提案时，至少应提供以下文本材料：

（1）国际标准新工作项目提案申请表（FORM 04）（中英文），由项目申请人填写（详见附录 B）；国际标准的草案或大纲（中英文），由提案单位填写；

（2）《国际标准新工作项目提案审核表》由提案单位填写，和上述 1、2 项文件一起报送国内技术对口单位（详见附录 A）。

国际标准新工作项目提案申请公文，由国内技术对口单位报送行业主管部门（住房和城乡建设部）和国家标准化主管部门审核批准。

相关 ISO 表格最新版本可从 ISO 网站直接下载，下载链接：https://www.iso.org/iso-forms-model-agendas-standard-letters.html

5.1 基本要求

5.1.1 国际标准新工作项目提案申请表

国际标准新工作项目提案申请表将被按照《ISO/IEC 导则第 1 部分：技术工作程序》中附录 C 规定的原则对该提案进行论证，以便该提案能够提供尽可能清晰、明确工作目的和业务范围，以保证有关方面正确分配标准化资源，并且最有效地利用这些资源，从而促进足够数量的利益相关方可明确表示愿意安排必要的人力和资金积极参加这项工作，具体论证的基本原则为：

按照"《ISO/IEC 导则第 1 部分：技术工作程序》附录 C 对制定标准提案的论证"中规定：

C.3 一般原则

C.3.1 任何新工作提案都应在其所提交组织的业务范围之内。

C.3.2 论证 ISO 和 IEC 中新工作的文件应包括能够充分说明该提案的市场相关性重要案例。

C.3.3 论证在 ISO 和 IEC 中，对新工作的说明文件应提供可靠的信息，作为 ISO 和 IEC 国家成员体在知情的前提下投票的基础。

C.3.4　在 ISO 和 IEC 体系中，提案方有义务提供合适的文件确保上述 C.3.2 和 C.3.3 阐述的原则。

因此，填写《国际标准新工作项目提案申请表》时至少应包括以下基本要素，并满足相应基本原则，以保证符合上述论证原则：

（1）标题：应明确、简洁、扼要，直接反应/覆盖所描述的标准化对象（新工作项目）；

（2）业务范围：应清楚地说明新提案工作项目的覆盖范围（适用范围），必要的不适用，也应说明；

（3）目的及论证：应明确需求、确定新工作项目制定的目的以及可能受影响的利益相关方，论述对贸易、社会经济的影响等，以满足国际标准的全球相关性原则；

（4）工作计划：应明确计划提出该工作项目的时间，该项目计划完成时限；

（5）相关文件：应列出国际、地区和国家层面、现有的相关文献；

（6）合作与联络：应列出有必要合作和联络的有关组织和团体清单；

（7）相关国参与：应提供一份还不是本技术委员会的 P 成员国但提案对其国家商业利益有重要意义的相关国家清单；

（8）基础文件：应提供工作项目标准草案或大纲，当所提交文件可能涉及版权时，提案者应确保适当的书面授权以供 ISO 或 IEC 使用相应版权内容；

（9）项目负责人：应确认一名项目负责人，负责整个项目初期到完成的组织、协调等工作，项目负责人应从纯粹的国际立场出发，放弃其国家的观点，当对提案阶段到出版阶段产生的技术问题提出要求时，项目负责人应做好充当顾问角色的准备。

（10）与现有工作的关系和影响：应说明提案项目与 ISO 和 IEC 现有工作的关系以及可能对其产生的影响，提案者应解释项目与明显相似的已有项目之间有何不同以及如何避免重复和冲突。

（11）受影响的利益相关者：应提供简明扼要的陈述，识别和描述相关受影响的利益相关者类别（包括中小型企业）以及他们如何从拟提案的可交付文件中受益或受其影响。《国际标准新工作项目提案申请表》中文表不翻译表格，应直接填写中文。

5.1.2　国际标准草案或大纲

国际标准英文草案应按《ISO/IEC 导则第 2 部分：国际标准的结构和编写规则》规定进行编写，并应符合以下主要基本原则：

（1）目的性：标准草案"范围"的界定应按需要力求完整；条文用词应清楚、准确，表述应规范，标准所用语言应尽可能简单、明了、易懂；尽量使用主动语态，少用被动语态；

（2）应充分考虑最新技术水平，为未来技术发展提供框架；

（3）应为未来技术发展留出空间，尽量以性能特性的角度提出要求，避免用设计和描述特性来表达；

（4）适用性原则：条款应具有可操作性，标准内容要便于各地区和各成员国直接应用或毫不改变的采用；

（5）统一性原则：系列标准的结构统一、文本前后表述的统一、术语统一；

（6）协调性原则：国际标准相互之间应协调一致，尤其应注意涉及基础标准的条款；

（7）官方语言文本的等效性：不同官方语言文本在技术上和文本结构上都应等同，最好一开始就以英语和法语起草，便于针对两种语言版本同时修改，同时批准，保证语言的等效性，这一原则对于术语标准的编制更为重要；

（8）计划性：为保证标准的按时完成，在具体起草前应确定一个标准的预期结构和各内容之间的相互关系。分部分的标准应提供一个预期各部分的清单，名称以英文和法文给出。

国际标准中文草案，应为英文草案的中文翻译版，与英文条款相对应。

国际标准大纲，在遵循上述一些必要原则外，其标准编制大纲应保证清晰、简要、明确，结构合理，并尽量列出重要的标准技术条款提纲。

5.1.3 国际标准新工作项目提案审核表

根据《参加国际标准化组织（ISO）和国际电工委员会（IEC）国际标准化活动管理办法》第 28 条规定，提案单位应填报《国际标准新工作项目提案审核表》，盖章后报国内技术对口单位，并经国内技术归口单位盖章后，随其他上报文本一并上报至行业主管部门（住房和城乡建设部），并经行业主管部门审核盖章，填报时应注意以下基本原则：

（1）提案拟提交的国际标准化机构应明确；

（2）提案应为对应国际 TC/SC 的工作范围内的标准；

（3）提案类型应清楚；

（4）提案内容应简明扼要；

（5）立项的可行性说明应充分。

该审核表经行业主管部门审核盖章后，应随其他文件一并上报国家市场监督管理总局标准创新司。

5.1.4 国际标准新工作项目提案申请函

国际标准新工作项目申报之前，需向行业主管部门（住房和城乡建设部）上报"国际标准新工作项目提案申请函"进行申请。除以附件的形式附带上述 5.1 的文件外，提案申请函行文时还应明确或说明以下内容：

（1）前期标准技术及背景情况研究，包括国内外相关领域技术情况以及标准现状；

（2）简要说明提案的目的、意义和适用范围；

（3）明确提案对应的国际标准化组织技术委员会以及国内技术对口单位；

（4）说明提案内容是国际原创还是国内标准转化，如为国内标准转化，需明确标准主编单位是否同意转化为国际标准；

（5）国内外技术交流情况（如有），应包括参与对应的国际标准化组织技术机构活动时，与技术机构内其他国家专家交流情况，以及国内行业技术专家交流情况等。

5.2 注意事项

5.2.1 国际标准新工作项目提案申请表

填写该表时，填写人应充分依据《ISO/IEC 导则第 1 部分：技术工作程序》附录 C

"对制定标准提案的论证"的具体要求进行填写，以增加提案被接受并通过的可能性，如果论证不充分，提案将面临被拒绝或改变发起人的风险，具体填表过程中，其中关键项还应注意以下几点问题：

（1）"Proposer"项，应填写国家标准化管理委员会，即"SAC"；

（2）"Proposal for a new PC"（项目委员会提案）项，所交提案不属于现存的任一技术委员会范围内的标准时，则勾选此项，如有对应的 ISO/TC，则应在相应位置填写 TC 号；

（3）提案标题，应表示出所提出的新标准提案的主题，英文标题必填，法语标题可不填，当提案为现有标准修改单、修订或者新部分时，可写出标准编号和名称；

（4）提案适用范围，应明确说明所提出新工作项目的覆盖范围，如有需要，应说明哪些排除在外，即不适用或不包括的范围；

（5）目的和理由，应明确给出拟制定的新工作项目的目的和论证，应针对《ISO/IEC 导则第 1 部分：技术工作程序》C.4.13.3 的要求对每一方面与其相关的标准化需求或证明信息进行解释、论证或说明，以及准备提案中涉及的大量市场相关性及市场需求的商业案例。论证过程中，应结合《ISO/IEC 导则补充部分：ISO 专用程序》附录 SM "ISO 技术工作和出版物的全球相关性"的各项要求进行论证，并尽量提供完善且健全的目标和证明文件，这样会使提案得到更充分的认可，并增加其成功通过的可能。填写时，主要可从以下几个方面进行论证：

1）目的：可从安全、卫生、环境保护、能源和原材料的节省、互换性/接口/兼容性条款、性能/功能/质量、消费者保护等方面进行阐述。

2）理由（重点论证）：

a）明确该提案覆盖的标准化内容，以及适用领域在 TC/SC 工作领域范围内；

b）明确立项必要性，确保该提案为市场所需求（制造商、终端用户、政府管理等），可简述相关证明以及给终端市场带来的价值等，如欧洲、美国、日本、中国等；

c）简单准确表述该提案试图解决的问题：商业、技术、社会、环境等方面的问题，与 ISO 的目标或战略规划一致（如可持续发展等）；

d）技术效益：可能为技术发展方面带来的影响，如带动和促进某一方面新兴技术的发展，利于某行业某技术的未来创新等；

e）经济和社会效益：对相关贸易的影响，如能消除贸易壁垒、推动国际市场准入等；

f）提案成果的计划和用途，是否和现有标准具有相关性（如为系列标准之一，作为技术评价标准配套使用），是否可作为该 TC/SC 标准发展框架内支撑性标准，以及标准应用的潜在规模预测等。

以上内容填写时，也可参考导则《Guidance for ISO national standards bodies Engaging stakeholders and building consensus》，具体可在以下链接进行下载：*https://connect.iso.org/pages/viewpage.action? pageId=27590861*

（6）联合国可持续发展目标：应指出该项目将支持的联合国可持续发展目标（SDG）

（7）"Preparatory work"一项，明确是大纲、草案还是现存文件（作为初始依据），一般发布标准为英文版的可以勾选，如欧盟或美国提交的新工作项目提案，可选择现有的英文标准作为基础；

（8）"If a draft is attached to this proposal"项，如果附带文档受版权保护或包括有版

权的内容，则申请者应确认该内容被授权，允许 ISO 使用相关内容，一般针对将区域性标准（英文）作为草案的国家，将勾选该项，因为《ISO/IEC 导则第 1 部分：技术工作程序》规定"所有草案、国际标准及其他出版物的版权属于 ISO/IEC"；

（9）"Is this a Management Systems Standard（MSS）?"项，如果提案为技术标准类别，勾选 NO，如果为管理体系标准（MSS），勾选 YES，MSS 标准的定义和论证等见《ISO/IEC 导则补充部分：ISO 专用程序》附录 SL 及其附件，其论证不同于上述（5）中技术标准的论证；

（10）"Proposed development track"（完成期限）项，建议勾选最长时间，以避免超期的风险，根据规定，超期项目最多允许延长 9 个月，并且要求理由充分，经 ISO 技术管理局正式同意；

（11）"Known patented items"（已知专利）项，如果提案涉及专利，勾选 YES，应附带相关的专利信息；

（12）"Co-ordination of work"（协调工作）项，如果本提案或类似提案已被提交给另一标准发展组织，应在此处说明对方组织为哪一个 TC，和对方 TC 的观点或态度，以及是否有必要建立联络处；

（13）"A statement from the proposer as to how the proposed work may relate to or impact on existing work，especially existing ISO and IEC deliverables. The proposer should explain how the work differs from apparently similar work，or explain how duplication and conflict will be minimized"（与现有工作的关系和影响），该项要求声明提案的工作与现有工作的关系或影响，特别是现有的、已交付 ISO 的标准成果，提案申请人应充分解释新的工作与同类的工作有不同之处，或解释如何减少重复和冲突，如是否为系列标准配合使用、是否为某一标准的附件等；

（14）"A listing of relevant existing documents at the international，regional and national levels"（列出国际、地区和国家层面现有的相关文献），填写时，应进行相关查阅，查阅国际各区域国家是否存在相关的文献（如标准和法规），并列出，标准如 EN、中国国家标准/行业标准、ANSI/UL、JIS 等；

（15）"Please fill out the relevant parts of the table below to identify relevant affected stakeholder categories and how they will each benefit from or be impacted by the proposed deliverable（s）"（利益相关方的效益和影响），此项为填写重点，该表涉及以下 8 项利益相关方：

a）大型工商企业；

b）中小型工商企业；

c）政府；

d）消费者；

e）工人；

f）科研机构；

g）标准应用商业活动；

h）非政府组织；

i）其他（需注明）。

该项填写时，仅对该提案可能涉及的利益相关方进行填写，并简单而精准的陈述以区分和表述相关有影响的利益相关方，可以评估已出版标准的影响效果，来获得所列的利益相关方的收益进行填写。（可参考《ISO/IEC 导则 补充部分：ISO 专用程序》附录 SM 和 ISO 的全球相关政策进行填写，其中 ISO 的全球相关政策链接：

http://www.iso.org/iso/home/standards_development/governance_of_technical_work.htm)

（16）"A listing of relevant countries which are not already P-members of the committee"（非 P 成员的相关国家列表），根据《ISO/IEC 导则》规定，应提供一份非本技术委员会 P 成员国但提案对其国家商业利益有重要意义的相关国家清单，此条主要考虑全球相关性原则，填写时可根据各 TC/SC 的 P 成员情况，以及存在国家层面相关文件的国家情况，还有国际贸易情况列出相关国家，秘书处需将该提案资料发至所列出的国家成员体；

（17）"Proposed Project Leader"（项目负责人），尽量保证提案填写人为项目负责人，便于标准项目的把控，以及争取一定的话语权；

（18）"Name of the Proposer"，填写国家标准化管理委员会负责人。

详细的填写信息和指导见 FORM 04 的填写示例。

Form 4: New Work Item Proposal

Circulation date：【投票起始和终止日期】 Click here to enter text. Closing date for voting： Click here to enter text.	Reference number：Click here to enter text. (to be given by Central Secretariat) 【标准编号】
Proposer (e.g. ISO member body or A liaison organization) 　　SAC	ISO/TC Click here to enter text. /SC Click here to enter text. 【填写项目所属 TC 或 SC 的秘书处机构】 □ Proposal for a new PC【如为项目委员会的新工作提案，勾选】
Secretariat【填写所属 TC 或 SC 的秘书处机构】 Click here to enter text.	N Click here to enter text【文件编号】

A proposal for a new work item within the scope of an existing committee shall be submitted to the secretariat of that committee with a copy to the Central Secretariat and, in the case of a subcommittee, a copy to the secretariat of the parent technical committee. Proposals not within the scope of an existing committee shall be submitted to the secretariat of the ISO Technical Management Board.

【如果新工作项目提案属于现有委员会的工作范围内，则应将其提交给委员会秘书处，附带一份给中央秘书处；对于分委员会，一份给技术委员会秘书处。如果提案不在现有委员会的工作范围内，则应提交给 ISO 技术管理局秘书处。】

The proposer of a new work item may be a member body of ISO, the secretariat itself，another technical committee or subcommittee，an organization in liaison，the Technical Management Board or one of the advisory groups，or the Secretary-General.

【提案申请者可以是 ISO 国家积极成员，技术委员会或分委员会秘书处，另一个技术委员会或分委员会，一个联络组织，技术管理局或其一个咨询组，或者首席执行官】

The proposal will be circulated to the P-members of the technical committee or subcommittee for voting，and to the O-members for information.

【该提案将被分发给技术委员会和分委员会，供 P 成员投票，O 成员参考】

IMPORTANT NOTE：Proposals without adequate justification risk rejection or referral to originator.

【重要提醒：提案如没有充分论证，将会面临被拒绝或改变发起人的风险】

Guidelines for proposing and justifying a new work item are contained **in Annex C of the ISO/IEC Directives，Part 1.**

【导则第 1 部分，附录 C "对制定标准提案的论证"】

□ The proposer has considered the guidance given in the Annex C during the preparation of the NWIP.

【申请者准备新工作项目提案期间是否考虑了该导则附录 C 勾选】

Proposal（to be completed by the proposer）【建议表（申请者填写）】

Title of the proposed deliverable. 【提案标题，要明确简洁】

English title：【英文标题】

Click here to enter text.

French title（if available）：【法语标题，可不填】

Click here to enter text.

(In the case of an amendment，revision or a new part of an existing document，show the reference number and current title) 【如为现有标准的修改单、修订或者新部分，则应写出标准编号和名称】

Scope of the proposed deliverable. 【提案适用范围，可填写准备草案中的"范围内容"：本国际标准规定……适用于……不适用于……以及需要特殊说明的，或参考《导则 第一部分》C.4.3 填写】

Click here to enter text.

Purpose and justification of the proposal ∗ 【提案的目的和理由，必填项】

Click here to enter text. 【填写（建议）：

目的：安全、卫生、环境保护；能源和原材料的节省；互换性/接口/兼容性条款；性能/功能/质量；消费者保护；其他目的（旧版导则要求用矩阵表对内容分析，确定这几项目的，新版导则未明确，填写时，可简要对这几方面进行概况描述）

理由论证：

1. 重点明确该提案覆盖的标准化内容，以及适用领域在 TC/SC 工作领域范围内；

2. 重点论证《ISO/IEC 导则第 1 部分：技术工作程序》C.4.13.3 提及的要素；

---

3. 如有，可提供相应的证明文件。】

Consider the following：Is there a verified market need for the proposal? What problem does this standard solve? What value will the document bring to end-users? See Annex C of the ISO/IEC Directives part 1 for more information. 【考虑：该提案为市场所需求的证明；标准需要解决的问题；给终端用户带来的价值；参见《导则 第一部分》附录 C 填写】

See the following guidance on justification statements on ISO Connect：https：//connect.iso.org/pages/viewpage.action? pageId=27590861 【关于理由陈述的导则链接】

Please select any UN Sustainable Development Goals（SDGs） that this deliverable will support. For more information on SDGs，please visit our website at www. iso. org/SDGs. 请选择任意该提案支持的联合国可持续发展目标 SDGs，为获取 SDGs 更多信息，请访问如下网址 www. iso. org/SDGs

- ☐ GOAL 1：No Poverty
- ☐ GOAL 2：Zero Hunger
- ☐ GOAL 3：Good Health and Well-being
- ☐ GOAL 4：Quality Education
- ☐ GOAL 5：Gender Equality
- ☐ GOAL 6：Clean Water and Sanitation
- ☐ GOAL 7：Affordable and Clean Energy
- ☐ GOAL 8：Decent Work and Economic Growth
- ☐ GOAL 9：Industry，Innovation and Infrastructure
- ☐ GOAL 10：Reduced Inequality
- ☐ GOAL 11：Sustainable Cities and Communities
- ☐ GOAL 12：Responsible Consumption and Production
- ☐ GOAL 13：Climate Action
- ☐ GOAL 14：Life Below Water
- ☐ GOAL 15：Life on Land
- ☐ GOAL 16：Peace and Justice Strong Institutions

N/A GOAL 17：Partnerships to achieve the Goal

- ☐ 目标 1：没有贫穷
- ☐ 目标 2：零饥饿
- ☐ 目标 3：良好的健康和幸福
- ☐ 目标 4：优质教育
- ☐ 目标 5：两性平等
- ☐ 目标 6：干净饮水和卫生
- ☐ 目标 7：负担得起的清洁能源
- ☐ 目标 8：体面工作和经济发展
- ☐ 目标 9：工业、创新和基础设施
- ☐ 目标 10：减少不平等
- ☐ 目标 11：可持续城市和社区
- ☐ 目标 12：负责任的消费和生产
- ☐ 目标 13：气候行动

☐ 目标 14：水下生命
☐ 目标 15：陆上生命
☐ 目标 16：和平和司法健全机构
N/A 目标 17：合作来实现目标

Preparatory work（at a minimum an outline should be included with the proposal）
【准备工作，最好准备草案】
☐ A draft is attached 【草案】 ☐ An outline is attached【大纲】
☐ An existing document to serve as initial basis
【现有文件作为初始依据，一般发布标准为英文版的可以勾选，如欧盟提交的新工作项目提案，可选择现有的 EN 标准作为基础】
The proposer or the proposer's organization is prepared to undertake the preparatory work required：【申请者或组织承担前期准备工作，一般勾选 "yes"】
☐ Yes ☐ No

If a draft is attached to this proposal：【如提案附有草案】
Please select from one of the following options（note that if no option is selected, the default will be the first option）：
☐ Draft document will be registered as new project in the committee's work programme（stage 20.00）
☐ Draft document can be registered as a Working Draft（WD-stage 20.20）
☐ Draft document can be registered as a Committee Draft（CD-stage 30.00）
☐ Draft document can be registered as a Draft International Standard（DIS-stage 40.00）
☐ If the attached document is copyrighted or includes copyrighted content, the proposer confirms that copyright permission has been granted for ISO to use this content in compliance with clause 2.13 of the ISO/IEC Directives, Part 1（see also the Declaration on copyright）.
【如果附带文档受版权保护或包括有版权的内容，则申请者应确认该内容被授权，允许 ISO 使用相关内容，见《导则 第一部分》2.3 条】

Is this a Management Systems Standard（MSS）？【是否为管理体系标准?】
☐ Yes ☐ No
NOTE：if Yes, the NWIP along with the Justification study（see Annex SL of the Consolidated ISO Supplement）must be sent to the MSS Task Force secretariat（tmb@iso.org）for approval before the NWIP ballot can be launched.

Indication（s）of the preferred type or types of deliverable（s）to be produced under the proposal.【提案预成为的国际文件类型】
☐ International Standard【国际标准】 ☐ Technical Specification【技术规范】
☐ Publicly Available Specification【可公开提供的规范】 ☐ Technical Report【技术报告】

Proposed development track【完成时限】【根据具体标准情况填写，建议勾选最长时间】

☐ 18 months *   ☐ 24 months   ☐ 36 months   ☐ 48 months

Note：Good project management is essential to meeting deadlines. A committee may be granted only one extension of up to 9 months for the total project duration（to be approved by the ISO/TMB）.【超期项目，最多允许延长 9 个月】

* DIS ballot must be successfully completed within 13 months of the project's registration in order to be eligible for the direct publication process

---

Draft project plan（as discussed with committee leadership）【工作计划】

Proposed date for first meeting：Click here to enter text.
【首次会议时间】
Dates for key milestones：DIS submission Click here to enter text.
Publication Click here to enter text.
【关键时间节点：提交 DIS 的时间，出版日期】

Known patented items   **（see <u>ISO/IEC Directives, Part 1</u> for important guidance）**
【已知专利】
☐ Yes   ☐ No
If "Yes"，provide full information as annex【如有专利，提供完整信息】

Co-ordination of work：To the best of your knowledge, has this or a similar proposal been submitted to another standards development organization?
【协调工作，如你所知，本提案或类似提案已被提交给另一标准发展组织】
☐ Yes   ☐ No   【如有，勾选 "YES"，并列出，否则，勾选 "NO"】
If "Yes"，please specify which one（s）：
Click here to enter text.

A statement from the proposer as to how the proposed work may relate to or impact on existing work, especially existing ISO and IEC deliverables. The proposer should explain how the work differs from apparently similar work, or explain how duplication and conflict will be minimized.
【声明中应提供提案的工作与现有工作的关系或影响，特别是现有的、已交付 ISO 和 IEC 的成果。提案申请人应充分解释新的工作与同类的工作有不同之处，或解释如何减少重复和冲突】
Click here to enter text.

A listing of relevant existing documents at the international, regional and national levels.【国际、地区和国家层面相关文件】
【一般列出国际上、各区域性地区和相关国家存在的标准，如 EN、GB/CJ、ANSI/UL、JIS 等】
Click here to enter text.

Please fill out the relevant parts of the table below to identify relevant affected stakeholder categories and how they will each benefit from or be impacted by the proposed deliverable (s).【填写下表，以确定该提案对利益相关方的效益和影响】

	Benefits/impacts【利益和影响】【涉及下列某一利益方，则填写，不涉及可不填写，如涉及大型工业的产品技术标准，则可能对普通消费者无影响，消费者项可不填写】	Examples of organizations/companies tobe contacted【可作为实例证明的组织或企业的联系方式】
Industry and commerce-large industry【大型工商企业】	Click here to enter text.	Click here to enter text.
Industry and commerce-SMEs【中小型工商企业】	Click here to enter text.	Click here to enter text.
Government【政府】	Click here to enter text.	Click here to enter text.
Consumers【消费者】	Click here to enter text.	Click here to enter text.
Labour【工人】	Click here to enter text.	Click here to enter text.
Academic and research bodies【科研机构】	Click here to enter text.	Click here to enter text.
Standards application businesses【标准应用商业活动】	Click here to enter text.	Click here to enter text.
Non-governmental organizations【非政府组织】	Click here to enter text.	Click here to enter text.
Other（please specify）【其他（请注明）】	Click here to enter text.	Click here to enter text.

Liaisons： A listing of relevant external international organizations or internal parties (other ISO and/or IEC committees) to be engaged as liaisons in the development of the deliverable (s). 【其他相关 ISO/IEC 标委会，可作为联络人参与该项目，列出】 Click here to enter text.	Joint/parallel work：【联合工作】 Possible joint/parallel work with：【可能的相关组织】 【一般工作范围交叉或有关的项目勾选，如该项目可能和 IEC 某 TC 工作范围相关，则勾选"IEC"，并列出该 TC】 □ IEC (please specify committee ID) Click here to enter text.

【填写视具体标准会和提案工作范围而定，需要则填，不需要则不填，当填时，应与所填联络人沟通好】	☐ CEN（please specify committee ID） Click here to enter text. ☐ Other（please specify） Click here to enter text.

A listing of relevant countries which are not already P-members of the committee.

Click here to enter text.　　　【非 P 成员的相关国家列表】

【填写时，可根据各 TC/SC 的 P 成员情况，以及存在国家层面相关文件的国家情况，列出相关国家】

Note：The committee secretary shall distribute this NWIP to the countries listed above to see if they wish to participate in this work

Proposed Project Leader（name and e-mail address） 【项目领导人联系方式】 Click here to enter text.	**Name of the Proposer** 【申请人名字，写 sac 负责人名字】 （include contact information） Li Yubing Director General， Department of International Cooperation，SAC

This proposal will be developed by：【提案归属】

☐　An existing Working Group（please specify which one：Click here to enter text.）

【属于现有某一工作组，勾选此项，填写工作组】

☐　A new Working Group（title：Click here to enter text.）【将新建工作组，勾选此项，写名称】

（Note：establishment of a new WG must be approved by committee resolution）

【注意：确立新工作组必须通过委员会决议】

☐　The TC/SC directly　　　　　　　　　　　　　　　【直接归 TC/SC，勾选此项】

☐　To be determined　　　　　　　　　　　　　　　　【目前未定，勾选此项】

Supplementary information relating to the proposal【提案相关补充信息】

☐　This proposal relates to a new ISO document；

【与新的 ISO 文件相关】【若该提案为修改单或某国际标准的一部分，勾选此项】

☐　This proposal relates to the adoption as an active project of an item currently registered as a Preliminary Work Item；

【作为新工作项目注册，勾选此项】

☐　This proposal relates to the re-establishment of a cancelled project as an active project.

Other：　　　　　　　　　　　　　　　【被取消国际标准项目再重新申请，勾选此项】

Click here to enter text.

Maintenance agencies and registration authorities

【维护机构和登记部门】

☐　This proposal requires the service of a maintenance agency. If yes，please identify the potential candidate：

Click here to enter text.

☐　This proposal requires the service of a registration authority. If yes，please identify the potential candidate：

Click here to enter text.

NOTE：Selection and appointment of the MA or RA is subject to the procedure outlined in the ISO/IEC Directives，Annex G and Annex H，and the RA policy in the ISO Supplement，Annex SN.

☐　Annex（es）are included with this proposal　　（give details）

【附件】【草案/大纲/现有标准（英文)/专利信息等】

Click here to enter text.

Additional information/questions　　　【补充信息/问题】

Click here to enter text.

5.2.2　国际标准草案或大纲

在提交新工作项目提案时，最好准备国际标准草案，国际标准草案应按《ISO/IEC 导则 第 2 部分：国际标准的结构和编写规则》的要求进行编写，同时可参考 ISO 文件《How to write standards》，国际标准草案编写模板有电子工具模板（系统模板）和简化 word 模板两种，编写国际标准草案时，也可参考 ISO 官方网站上的模板示例（Model document of an International Standard-Rice model 和 Model document of an Amendment-Rice model amendment），上述参考文件、模板和示例可从以下链接中进行下载：

https：//www. iso. org/drafting-standards. html

此外，标准草案起草过程中，应特别注意以下几点：

（1）标准名称，应仔细斟酌措辞，并尽量简练，同时清晰表达标准主题；

（2）封面上的"Warning"提示；

1）封面是必备要素，每项标准都应有封面。封面应包含标准的名称。

2）国际标准征询意见草案、最终草案和最终出版物的封面，在适当时由 ISO 中央秘书处或 IEC 中央办公室按标准的格式编制。

3）封面除了名称外，要含有国际标准的编号（由 ISO 中央秘书处或 IEC 中央办公室分配）。

（3）目次（Content）的内容、次序及相应页码：

a）前言；

b）引言；

c）条编号及条标题；

d）当给出分条时，分条编号及条标题（如 X. 1）；

e）当给出附录时，附录编号＋附录性质（规范性 or 资料性)＋标题；

f）当给出附录分条时，附录分条编号及条标题；

g）参考文献；

h) 索引；

i) 图的编号和图题（需要时）；

j) 表的编号和表题（需要时）。

标准的层次结构

层次名称	编号示例
Part 部分	xxxx-1
Clause 章	3
Subclause 条	3.1
Subclause 细分条	3.1.1
Paragraph 段	［无编号］
Lists 列项	a) 1)
Annex 附录	A

（4）前言（Foreword）

前言由基本部分和特定部分组成。

基本部分：给出国际标准组织和国际标准的一般信息（此内容通常由 ISO 中央秘书处或 IEC 中央办公室提供），即：

1) 国际标准编制符合 ISO/IEC 导则的第 2 部分规定的声明；

2) 国际标准批准的程序和条件；

3) 如果在编制标准的过程中没有识别出涉及专利的内容，给出相应的说明；

4) 编制该标准的技术委员会代号和名称。

特定部分：由委员会秘书处提供，应适当给出下列信息：

1) 指明对起草该标准作出贡献的任何其他国际组织；

2) 说明该标准取消并代替的全部或部分其他文件（编号和名称）；

3) 说明与该标准前一版本相比的重大技术变化；

4) 该标准与其他标准或其他部分的关系。

（5）引言

国际标准中引言是可选的概述要素。如果需要给出下列信息，可安排引言陈述：

1) 促使编制该标准的原因；

2) 有关标准技术内容的特殊信息或说明；

3) 如果国际标准的内容涉及专利，则应在引言中给出有关专利的说明。

（6）标准范围，明确标准的对象，用非常简洁的语言对标准的主要内容作出提要式说明，指明标准的适用界限，必要时，还应指明不适用界限，具体可参考国内标准范围制定原则，但应注意英文版表述，以及对应的中文翻译：

"This document is applicable to..."

"This document does not apply to..." "This document

—specifies ⎰the dimensions of...
⎱a method of...
the characteristics of...

—establishes $\begin{cases} \text{a system for...} \\ \text{general principles for...} \end{cases}$

—gives guidelines for...

—defines terms...

（7）规范性引用

1）注日期引用

引用制定版本，用发布年号表示；

引用其他文件具体章、条、附录、图或表。

2）不注日期引用

不注发布年号。接受被引用文件未来所有的变化。

（8）术语和定义

在同一领域或专业，对同一概念，应使用同一术语及其定义。在确立新的术语之前，先确保其他国际标准中没有对该概念规定过术语和定义。在查找本专业通用术语标准的基础上，可用如下路径检索：

——ISO Online Browsing Platform

——IEV—International Electrotechnical Vocabulary

（9）条款表述注意不同程度的措辞，即要求型条款"shall"（应）、"shall not"（不应），推荐型条款"should"（宜）、"should not"（不宜），陈述型条款"may"（可）、"need not"（不必）、"can"（能）、"cannot"（不能），避免使用"must"、"have to"、"may not"。

（10）条款表述用词应准确、清楚，防止不同的人从不同角度产生不同的理解，用简单、平实的词语表述，以使读写更快更容易、有效传达信息，以减少起草过程中的讨论，起草过程中可借助列表等增加标准的清晰度和理解度。

（11）注意固定的标准编写结构：

"1　Scope

2　Normative references

3　Terms and definitions..."

可参考《ISO/IEC 导则　第 2 部分：国际标准的结构和编写规则》附录 A。

（12）注意标准中表、图以及公式等的表示方法，在编写过程中当涉及一些图形符合时，应执行《ISO/IEC 导则　补充部分：ISO 专用程序》附录 SH 的有关规定。

（13）资料性附录

给出有助于理解或使用标准的附加信息。

除了为给出可选的要求以外，该要素不应包含要求。

（14）参考文献（Bibliography）

参考文献为可选要素。如果需要将标准中资料性引用的文件列出，则要设"Bibliography"这一要素。

如有参考文献则应将它放在最后一个附录之后。参考文献不是资料性附录，它是不同于附录的一个独立的资料性补充要素。

参考文献的起草应遵照 ISO 690 的有关规定。如果参考文献有网络文本，应提供识别和查询出处的充分信息。为此，应给出查询文件的方法和完整的网址，并且应使用与源文件完全相同的标点符号和大小写字母。

（15）索引 Index

索引为可选要素。如果需要索引，则应以"Indexes"作为标题。

索引应作为标准的最后一个要素。

索引不是资料性附录，它是不同于附录的一个独立的资料性补充要素。

标准大纲的编写应按《ISO/IEC 导则 第 2 部分：国际标准的结构和编写规则》附录 A 进行编写，编写过程中宜尽量将关键技术要素列入。

5.2.3　国际标准新工作项目提案审核表

提交国际标准新工作项目提案审核表应注意以下几点：

（1）该表应为提案填写单位填写盖章后，经对应国际标准化组织技术机构的国内技术对口单位和行业主管部门（住房和城乡建设部）审核并盖章，然后上报国家标准化管理委员会；

（2）应注意 5.1 提及的基本原则；

（3）填写可行性分析时，除应简明扼要陈述标准立项的背景（如国内技术、贸易等）外，还应说明前期开展的工作，以及立项过程中正面临的和可预测的主要困难等。

5.2.4　国际标准新工作项目提案申请函

提交新工作项目提案申请函应注意以下几点：

（1）本申请函应由对应国际标准化组织技术机构的国内技术对口单位行文，并提交至行业主管部门（住房和城乡建设部）；

（2）说明提交该提案的目的、意义和适用范围时，一定直接、简明、扼要；

（3）提交申请函时，一定附带国际标准新工作项目提案审核表、国际标准新工作项目提案申请表（中英文）、国际标准草案或大纲（中英文）。

6 案例汇编

6.1 案例 1—ISO 22975-1：2016 真空集热管的耐久性和热性能

太阳能真空集热管是太阳能热利用的核心部件之一，我国是世界上应用真空集热管型集热器面积最大、生产能力最强的国家，拥有丰富且先进的技术经验。制定适应国际太阳能热利用技术和应用发展要求的太阳能真空集热管国际标准，不但为产品生产和应用提供了重要的技术指导和国际通用准则，也有助于提升我国太阳能行业技术水平，为相关产品的国际化推广提供了有利条件。

在 2012 年 8 月第一届太阳能标准化技术委员会工作组会议上，中国提出主导制定国际标准 ISO 22975-1：2016 Solar Energy-Collector components and materials-Part 1：Evacuated tubes-Durability and performance（ISO 22975-1：2016 太阳能——太阳能集热器部件与材料第 1 部分：真空集热管的耐久性与性能）。该项目提案随后在成员国投票中获得通过并正式立项，中国建筑科学研究院教授级高工何涛作为主编，会同德国、瑞士、丹麦等国家的专家组成编制组开始标准编制工作。在标准编制的 4 年时间内，编制组历经多次会议讨论与修改，最终该项国际标准于 2016 年 10 月正式发布实施。

6.1.1 太阳能技术委员会概况

（1）国际标准化组织结构与工作模式

国际标准化组织太阳能技术委员会（ISO TC 180 Solar Energy，以下简称 TC180）成立于 1980 年，主要负责太阳能供热水、供暖、制冷、工业过程热利用和空调等热利用技术领域的标准化工作。现任秘书处单位为澳大利亚标准协会（SA，Standards Australia）。截止至 2018 年底，TC 180 共负责编制国际标准 21 部，其中 18 部已发布实施，3 部正在编制过程中。

ISO TC 180 共有 5 个二级技术机构，分别为 WG1、WG3、WG4、SC1 和 SC4。各工作组/分委员会负责的标准内容及本届召集人见表 6-1。

工作组/分委员会工作内容 表 6-1

机构名称	标准名称	秘书处/召集人（主席）
TC 180/WG 1	术语	召集人：希腊 Ms. Vasiliki Drosou
TC 180/WG 3	集热器部件及材料	召集人：中国何梓年研究员
TC 180/WG 4	太阳能集热器	召集人：瑞士 Mr Andreas Bohren
TC 180/SC 1	气候——测量与数据	秘书处：澳大利亚 召集人：Dr. Wolfgang Finsterle
TC 180/SC 4	系统——热性能，可靠性和耐久性	秘书处：中国（CNIS） 主席：何涛

（2）国际标准化组织成员

国际标准化组织成员主要分为积极成员（P 成员，Participating Member）和观察员（O 成员，Observer）两类。P 成员需积极参加工作，参加组织会议，承担投票义务，享有全权表决权；O 成员以观察员身份参加工作，可收到委员会文件，有权提出意见和参加会议，但无表决权。

目前，TC 180 共有 27 个积极成员国或地区（Participating Member），40 个观察员成员国或地区。各成员国或地区分布及信息见表 6-2。

TC 180 成员国或地区信息　　　　　　　　　表 6-2

积极成员国或地区（P）		观察员成员国或地区（O）	
国家或地区（工作机构）	国家或地区（工作机构）	国家或地区（工作机构）	国家或地区（工作机构）
Algeria（IANOR）	Israel（SII）	Armenia（SARM）	Morocco（IMANOR）
	Italy（UNI）	Belgium（NBN）	Netherlands（NEN）
Australia（SA）	Jamaica（BSJ）	Bulgaria（BDS）	New Zealand（NZSO）
Austria（ASI）	Jordan（JSMO）	Cuba（NC）	Norway（SN）
Barbados（BNSI）	Portugal（IPQ）	Cyprus（CYS）	Oman（DGSM）
Botswana（BOBS）	Russia（GOST R）	Czech（UNMZ）	Pakistan（PSQCA）
Chile（INN）	South Africa（SABS）	Argentina（IRAM）	Philippines（BPS）
China（SAC）	Spain（UNE）	Finland（SFS）	Poland（PKN）
Denmark（DS）	Switzerland（SNV）	Hong Kong（ITCHKSAR）	Romania（ASRO）
France（AFNOR）	Tunisia（INNORPI）	Hungary（MSZT）	Saudi Arabia（SASO）
Germany（DIN）	Turkey（TSE）	Indonesia（BSN）	Serbia（ISS）
Greece（NQIS ELOT）	United Kingdom（BSI）	Iraq（COSQC）	Seychelles（SBS）
India（BIS）	Tanzania, United Republic of（TBS）	Ireland（NSAI）	Slovakia（UNMS SR）
Iran（ISIRI）		Japan（JISC）	Slovenia（SIST）
	Ethiopia（ESA）	Kenya（KEBS）	Sri Lanka（SLSI）
		Korea（KATS）	Sweden（SIS）
		Malta（MCCAA）	Thailand（TISI）
		Mauritius（MSB）	Trinidad and Tobago（TTBS）
		Mexico（DGN）	Ukraine（DSTU）
		Mongolia（MASM）	Uruguay（UNIT）

（3）国内技术对口单位

中国国家标准化管理委员会是由国务院授权的管理中国标准化事务的行政管理机构，成立于 2001 年。在国际标准化组织（ISO）中，中国国家标准化管理委员会以 SAC（Standardization Administration of the People's Republic of China）的名义代表中国参加 ISO 的活动。经中国国家标准化管理委员会批准，由全国太阳能标准化技术委员会（SAC/TC 402）的秘书处单位中国标准化研究院承担 ISO/TC 180 国内技术对口单位工作负责对内及对外联络。中国标准化研究院是全国太阳能标准化技术委员会（SAC/TC 402）的秘书处单位，主要负责太阳能热水系统、太阳房、太阳灶、太阳能产品、太阳能集热器、元件等国家标准制修订工作。2008 年，中国由 ISO TC 180 观察成员（O 成员）转变为积极成员（P 成员），并由此开始全面参与太阳能热利用领域的国际标准化工作。

根据《参加国际标准化组织（ISO）和国际电工委员会（IEC）国际标准化活动管理办法》，国内技术对口单位具体承担 ISO 和 IEC 技术机构的国内技术对口工作，主要包括：

严格遵照 ISO 的相关政策、规定开展工作，负责对口领域参加国际标准化活动的组织、规划、协调和管理，跟踪、研究、分析对口领域国际标准化的发展趋势和工作动态；

根据对口领域国际标准化活动的需要，负责组建国内技术对口工作组，由该对口工作组承担本领域参加国际标准化活动的各项工作，所代表的专业领域应覆盖对口的 ISO 和 IEC 技术范围内涉及的所有领域；

严格遵守国际标准化组织知识产权政策的有关规定，及时分发 ISO 和 IEC 的国际标准、国际标准草案和文件资料，并定期印发有关文件目录，建立和管理国际标准、国际标准草案文件、注册专家信息、国际标准会议文件等国际标准化活动相关工作档案；

结合国内工作需要，对国际标准的有关技术内容进行必要的试验、验证，协调并提出国际标准文件投票和评议意见；

组织提出国际标准新技术工作领域和国际标准新工作项目提案建议；

组织中国代表团参加对口的 ISO 和 IEC 技术机构的国际会议；

提出我国承办 ISO 和 IEC 技术机构会议的申请建议，负责会议的筹备和组织工作；

提出参加 ISO 和 IEC 技术机构的成员身份（积极成员或观察员）的建议；

提出参加 ISO 和 IEC 国际标准制定工作组注册专家建议；

及时向国务院标准化主管部门、行业主管部门和地方标准化行政主管部门报告工作；

与相关的全国专业标准化技术委员会和其他国内技术对口单位保持联络；

其他本技术对口领域参加国际标准化活动的相关工作。

6.1.2 技术准备

（1）技术基础

我国的太阳能热利用技术研究始于 20 世纪 50 年代，以太阳能热水技术研究为主，建成了北京天堂河农场公共浴室等项目。20 世纪 70 年代时，随着能源危机席卷全球，太阳能受到普遍重视，太阳能热利用技术也在我国得到快速发展，我国 1998 年到 2016 年太阳能集热器保有量如图 6-1 所示。至 20 世纪 90 年代，我国太阳能热水器的总产量和保有量占世界总使用量的比例超 50％。2005 年起，我国太阳能热利用产品的产量逐年升高，年增加率保持 10％以上，2009 年更是创下 35.5％的增长率纪录。2012 年，中国的太阳能热利用保有量占全球总量的 60.1％，2016 年，这一数字上升至 71.0％。太阳能热利用产业的飞速发展使得我国成为世界上应用太阳能集热产品面积最大，生产能力最强的国家，同时也为我国深化国际合作，编制国际标准创造了基础条件。

（2）国内工作基础

与其他标准有所区别的是，ISO 22975-1：真空集热管的耐久性和热性能的技术内容是以我国自主研发的真空管型太阳能集热器为主要内容，因而，我国的国家标准及检测方法等可直接作为制定国际标准的参考资料。

中国建筑科学研究院作为 SAC/TC 402 的副秘书长单位，自 SAC/TC 402 成立以来，主持编制了《太阳能集热器热性能试验方法》GB/T 4271、《家用太阳能热水系统技术条件》GB/T 19141、《真空管型太阳能集热器》GB/T 17581 等二十余项技术领域内的基础性国家标准。同时国家太阳能热水器质量监督检验中心（北京）作为下属单位，拥有丰富的真空管型太阳能集热产品的检测经验。此外，中国建筑科学研究院作为国家科研型企业，主持负责多项国家科技支撑计划项目，与行业内的科研院所、高等院校、生产企业均有良好的合作基础，具备主导编制国际标准的各项基础条件。

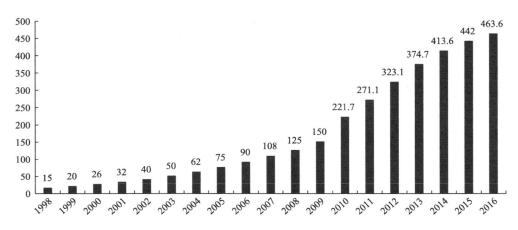

图 6-1　中国太阳能集热器保有量（百万 m²）（1998～2016 年）

标准制修订的过程是对技术领域内的国家标准、国际标准研究和熟悉的过程，是指导、引领技术发展及应用的过程，也是掌握市场发展需求和动向的过程。在长期从事标准制修订的过程中，中国建筑科学研究院与国内技术对口单位建立了密切的联系，同时熟悉标准体系，熟知技术发展和市场动向等经验也为主导编制国际标准打下了坚实的基础。

（3）国际交流联系

2007 年，世界太阳能热利用大会在济南召开，国际能源署太阳能供热制冷委员会（IEA SHC，International Energy Agency，Solar Heating and Cooling Programme）主席 Werner Weiss 先生等国际专家出席会议，与中国建筑科学研究院教授级高工何涛等国内学者建立了初步联系。

国际能源署太阳能供热制冷委员会成立于 1977 年，是国际能源署（IEA）最早的能源技术研究委员会之一，主要负责研究建筑太阳能供热采暖、制冷及工业过程太阳能加热和储热蓄能相关技术，并负责通过太阳能热利用的政策、技术、市场及标准信息的交流和讨论，提高太阳能供热制冷技术在节约能源、环境保护方面的积极作用，是世界范围内推进太阳能供热制冷技术发展与应用十分重要的国际性组织。

同时，国际能源署太阳能供热制冷委员会（IEA SHC）与国际标准化组织太阳能技术委员会（ISO TC 180）之间有着密切的联系。ISO TC 180 的现任主席同时也是 IEA SHC 的前任副主席、现任主席。

随后，我国专家又陆续出席了第 30 届世界太阳能大会等国际会议，中国建筑科学研究院何涛教授级高工、郑瑞澄研究员等人还受邀参加 IEA SHC 第 70 次执行委员会及世界太阳能供热制冷路线图工作会议等一系列国际活动。通过我国专家在多次国际活动中对中国太阳能供热制冷的发展现状、产业政策、科技发展方向、标准检测和认证等内容的详细介绍，我国太阳能热利用领域的工作与成果逐渐被国际同行所熟知、认可。

2011 年，IEA SHC 正式发出邀请，邀请中国建筑科学研究院作为中国代表加入国际能源署太阳能供热制冷委员会。2012 年 4 月 19 日，经科技部任命，中国建筑科学研究院国家太阳能热水器质量监督检验中心（北京）作为中国代表单位正式加入国际能源署太阳能供热制协议（IEA-SHC IA）。由于占据全球太阳能热利用市场三分之二的份额，中国的加入引起了国际同行的广泛关注，我国也以积极的态度了解并逐渐参与了协议的大部分工作。

与此同时，我国也一直在酝酿寻找合适的机会，以期在太阳能热利用技术领域的国际标准化工作上有所突破。

6.1.3 人员准备

太阳能热利用集热产品按部件类型主要分为平板型太阳能集热器和真空管型太阳能集热器。其中平板型集热器主要应用于欧美地区，而真空管型太阳能集热器是我国自主研发的太阳能集热产品，在亚洲地区应用较多。2011 年之前，TC180 制定的国际标准基本由欧美国家负责，多适用于平板型太阳能集热器，而真空管型集热器虽已占据全球大部分市场份额，却缺少相应的技术标准。因此，SAC/TC 402 秘书处单位代表 SAC 向 ISO TC 180 提议，建议编制真空管型太阳能集热器的有关国际标准，并可组织中国专家负责完成。

考虑到与技术机构前期所编标准的内容协调及结构一致，TC 180 决定组织编制"集热器部件与材料"这一主题的国际标准，具体由第 3 工作组（WG3）负责。系列标准包括：

ISO 22975-1：真空集热管的耐久性和热性能；

ISO 22975-2：太阳能热管的耐久性和热性能；

ISO 22975-3：吸热体表面耐久性；

ISO 22975-4：玻璃材料的耐久性和热性能；

ISO 22975-5：保温材料的耐久性和热性能。

鉴于中国建筑科学研究院在全国太阳能标准化技术委员会（SAC/TC 402）的丰富工作经验及在国际合作领域取得的良好工作基础，中国标准化研究院作为技术对口单位，邀请中国建筑科学研究院何涛教授级高工作为工作组专家负责 ISO 22975—1 的标准制定工作，同时，邀请北京市太阳能研究所有限公司的何梓年研究员承担工作组召集人，负责 ISO 22975-2：太阳能热管的耐久性和热性能的标准制定工作。

注：按照国家质量监督检验检疫总局、国家标准化管理委员会发布的《参加国际标准化组织（ISO）和国际电工委员会（IEC）国际标准化活动管理办法》第三十一条，拟参加工作组的专家，应首先向国家技术对口单位提出申请。国内技术对口单位负责对专家进行资质审查，向国务院标准化主管部门报送《ISO/IEC 工作组专家申请表》（附件 B），并抄报相关行业主管部门。经国务院标准化主管部门审核后，统一对外报名注册；在新工作项目投票阶段同时提名专家的，国内技术对口单位应在项目正式立项后，将专家信息报国务院标准化主管部门统一注册。

2011 年 9 月 29 日，中国建筑科学研究院何涛教授级高工接到国际标准化组织（ISO）的通知，正式作为 ISO TC 180/WG3 的专家开展标准工作。

6.1.4 文本准备

（1）标准草稿或大纲准备

申报国际标准提案时，需一并提供申请标准的英文草稿或大纲。国际标准的撰写与国标相似又有不同。相似之处在于国际标准同样有自己的标准格式，不同之处在于国际标准并不像国标一样要求语言简明。尤其对于检测方法，国际标准可以使用叙述的语言进行描述。

ISO 标准内容主要包括以下几部分：

Forward

Introduction

Scope

Normative references

Terms and definitions

……

Annex

Bibliography

其中 Forward、Introduction、Scope 和 Normative references 可以参考同一个 TC 下的其他国际标准写法。术语及标准正文根据实际需要自行确定。

（2）填写和提交新项目提案

新项目提案申请表（NP，New Work Item Proposal）是向 TC 申请制订新标准的必备文件，提出申请时填写标准格式申请表即可，详见 5.2.1。

6.1.5 项目申报

（1）提交投票与立项

1）预研阶段（Preliminary）

工作程序：通过 P 成员的简单多数票赞成，将其纳入工作计划中。

主要任务：对于尚不完全成熟的 PWI（预工作项目，主要是指新兴技术领域的项目，包括战略计划中的"新需求的展望"所列的项目）所需的资源进行评价，并制定最初的草案。

2）提案阶段（Proposal）

工作程序：提案人使用适当的表格提交提案，分发给 TC/SC 的 P 成员进行书面投票，简单多数票赞成，最少 5 个 P 成员积极参与则可通过（特殊情况最少 4 个 P 成员）。主要任务：对一个 NP（新工作项目提案，包括新标准、现行标准的部分新内容等）是否立项在 TC/SC 的 P 成员中进行评审、投票。

TC 秘书处收到新工作项目提案（NWIP）后确认内容并对新项目进行注册编号，随后将在 P 成员范围内征求意见并进行 NP 投票。投票统计样表见图 6-2。

经投票通过，新项目提案则正式转为新标准进入编制流程。ISO 22975-1《太阳能集热器部件与材料第 1 部分：真空集热管的耐久性与性能》于 2012 年 4 月向 TC 180 秘书处提出申请，经各成员国投票，8 月 22 日提案通过，批准立项，进入正式编制阶段，编制期限 48 个月。

注：按照国家质量监督检验检疫总局、国家标准化管理委员会发布的《参加国际标准化组织（ISO）和国际电工委员会（IEC）国际标准化活动管理办法》第二十七条，企业、科研院所、检验检测认证机构、行业协会及高等院校等我国的任何机构均可提出提案。

Country (Member body)	Status*	1a. Agree to add to work programme							Market relevance	1b.Stakeholders consultation		2. Relevant documents		3. Comments		4. Participation	
		Yes				No		Abs									
		20.00	20.20	30.00	40.90	PWI: Yes	PWI: No			Yes	No	Yes	No	Yes	No	Yes	No
Algeria (IANOR)	P							X			X						
Argentina (IRAM)	P							X							X		X
Armenia (SARM)	P							X									
Australia (SA)	S	X							X	X			X	X		X	
Barbados (BNSI)	P							X			X		X		X		X
Botswana (BOBS)	P							X			X		X		X		X
Canada (SCC)	P							X		X			X		X		X
Chile (INN)	P							X					X		X		X
China (SAC)	P	X							X	X		X		X			
Denmark (DS)	P							X		X			X	X			X
France (AFNOR)	P	X							X	X			X		X		
Germany (DIN)	P							X		X			X		X		
Greece (NQIS ELOT)	P							X			X		X		X		
India (BIS)	P	X							X	X			X		X		
Iran, Islamic Republic of (ISIRI)	P		X						X	X			X	X			
Israel (SII)	P							X			X		X		X		
Italy (UNI)	P	X							X		X		X		X		
Jamaica (BSJ)	P	X							X	X			X		X	X	
Russian Federation (GOST R)	P							X			X		X		X		X
South Africa (SABS)	P							X			X		X		X		X
Spain (AENOR)	P							X			X		X		X		
Switzerland (SNV)	P					X			X	X		X			X	X	
Sub-Total Question 1a		6	1	0	0	0	1	14									
Totals		7				1		14	8	12	9	2	18	3	17	4	16

图 6-2　新项目提案申请投票统计表（样表）

第二十八条：提交国际标准新工作项目提案应遵照以下工作程序：

按照 ISO 和 IEC 的要求，准备国际标准新工作项目提案申请表，及国际标准的中英文草案或大纲，填写国务院标准化主管部门《国际标准新工作项目提案审核表》（附录 F）；

上述材料经相关国内技术对口单位协调、审核，并经行业主管部门审查后，由国内技术对口单位报送国务院标准化主管部门；国务院标准化主管部门审查后统一向 ISO 和 IEC 相关技术机构提交申请；如无行业主管部门的，国内技术对口单位可直接向国务院标准化主管部门报送申请；

提案单位和相关国内技术对口单位应密切跟踪提案立项情况，积极推进国际标准制修订进程并将相关情况及证明文件及时报送国务院标准化主管部门备案。

（2）申报及编制过程

主导编制国际标准，首先应对标准编制过程有所了解。通过参与国际交流联系，我国专家对国际标准的编制过程有了较为全面的了解。国际标准编制的全过程包括前期准备、标准编制、标准出版、标准审查修订、标准废止等阶段。各阶段工作流程见图 6-3。

标准编制工作自新项目被批准（New Project Approved）起开始倒计时，至标准发布止应不超过 48 个月。各阶段的工作具体说明如下：

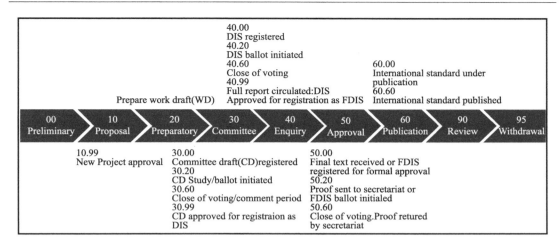

图 6-3 国际标准编制全过程流程图

1) 准备阶段（Preparatory）

工作程序：成立标准编制组；P 成员指派专家参加工作组。

主要任务：依据 ISO/IEC 导则第 2 部分要求准备（起草）工作草案（WD）。完成 WD 稿后，作为委员会草案（CD）提交至 TC 秘书处，准备阶段结束。

2) 委员会阶段（Committee）

工作程序：TC 秘书处将 CD 分发给 P/O 成员考虑，时间为 8 周、12 周或者 16 周，通常系统默认为 8 周（CD 投票）；汇总收到的评论意见、协商 3 种处理方法：

会议讨论，分发修改后的 CD 稿或登记为 DIS 稿；

若对草案未达成协商一致意见，综合后决定，提出另一个 CD 再次征询意见；

若达成协商一致，TC 秘书处登记为 DIS。

主要任务：充分考虑国家团体对 CD 稿的意见，并在技术内容上争取达成协商一致（协商一致：总体同意，其特点是利益相关的任何重要一方对重大问题不坚持反对意见。在整个过程中力求考虑所有相关方的意见，并协调所有对立的争论。协调一致不意味一致同意。）

3) 征询意见阶段（Enquiry）

工作程序：

由秘书处在 4 周内将 DIS 文件及投票单分发给所有国家成员体，进行为期 12 周的投票；

国家成员体提交表决票，赞成、反对或弃权；赞成票可附编辑性或少量技术性意见；反对票应附技术理由；可注明如果接受修改的具体技术意见可将反对票改为赞成票，但不得投以接受意见为条件的赞成票。参加投票的 P 成员大于 2/3 赞成，反对票小于总票的 1/4，通过。

处理投票结果：

无反对票：直接出版为国际标准（IS）。

符合通过条件：登记为最终国际标准草案（FDIS）。

不符合：-分发修改后的 DIS，再投票；

        -分发修改后的 CD，征求意见；

-在下次会议上讨论 DIS 及提出的意见。

主要任务：所有国家成员体对 DIS 文件进行投票。尽力解决反对票中提出的问题。

4）批准阶段（Approval）

工作程序：

中央秘书处将 FDIS 文件分发给所有成员国进行为期 8 周的投票；

国家成员体投票，赞成、反对或弃权；

参加投票的 P 成员大于 2/3 赞成，反对票小于 1/4 总票，通过；

处理投票结果：通过，成为国际标准进入出版阶段，或未通过，退回 TC，对反对票中技术理由重新考虑。TC 可做出下列决定：

修改草案，以 CD、DIS 或 FDIS 再次提交；

以技术规范出版；

取消项目。

注：在此阶段不再接受编辑或技术修改意见，反对票的技术理由提交 TC/SC 在复审国际标准时进行研究。

主要任务：对于 FDIS 文件进行投票。

5）出版阶段（Publication）

修改 TC 秘书处指出的所有错误，印刷和发布国际标准。

6.1.6 编制过程

（1）标准编制的主要环节及注意事项

标准编制组应按照上述流程及时间要求制定出每阶段的工作计划，需要注意的是，投票阶段由于成员较多，所需时间较长，标准组应尽早完成标准的每一稿文字内容，预留出足够的时间给秘书处组织投票。

在工作草案阶段，标准主编单位可在国内组织专家进行研讨、座谈，尽量满足我国的技术发展与应用诉求。

提交工作草案作为委员会草案（CD）之后，会收到大量成员国单位提出的修改意见，应及时、仔细处理技术意见。技术合理的建议应采纳接受，涉及技术利益的意见，应结合实际情况分析、处理。

ISO 22975-1：2016 Solar Energy-Collector components and materials-Part 1：Evacuated tubes-Durability and performance（ISO 22975-1：2016 太阳能——太阳能集热器部件与材料第 1 部分：真空集热管的耐久性与性能）于 2012 年 8 月通过 TC180 投票确定立项，随后中国建筑科学研究院教授级高工何涛作为主编，会同德国、瑞士、丹麦等国家的专家组成编制组开始标准编制工作。

真空集热管的选择性吸收涂层的太阳吸收比是影响其集热性能的重要参数。ISO 22975-1：2016 Solar Energy-Collector components and materials-Part 1：Evacuated tubes-Durability and performance（ISO 22975-1：2016 太阳能——太阳能集热器部件与材料第 1 部分：真空集热管的耐久性与性能）针对原有国际标准中太阳吸收比测试方法不适用于圆柱形真空集热管的问题，在我国研究成果的基础上，开发了使用具有积分球的分光光度计对有选择性吸收涂层的圆柱形内玻璃管进行太阳吸收比测试的方法，并通过大量样品实验验证了该方法的测试结果准确性与可靠性。该方法最终通过国际专家评议，作为该项国际标准中真空集热管太阳吸收比的测量方法。

此外，集热管的真空品质对真空集热管的耐久性和热性能有着重要影响。集热管的内外管之间的真空夹层一方面可以阻止集热管内部与外界间的对流换热，另一方面可以维系沉积于内管外壁上的选择性吸收涂层的化学稳定性，延长集热管使用寿命。标准编制过程中，通过分析影响集热管真空品质的主要因素，并对大量真空集热管真空品质及性能和耐久性进行比对实验，提出了科学合理的集热管真空品质指标。

最终该项国际标准于2016年10月正式发布实施，其主要环节的时间节点如下：

2012.04 立项申请；

2012.08 立项批复；

2013.08 完成 CD 稿；

2014.05 批准 CD 稿；

2015.07 完成 DIS 阶段；

2016.08 完成 FDIS 投票；

2016.10 正式发布。

（2）参与工作组会议的注意事项

根据 ISO 的要求，各成员单位及工作组成员应积极参与工作组会议及国际标准化组织的活动。按照 TC 180 的惯例，每年至少召开 1 次全体大会，工作组、主编单位也可根据工作需要组织召集编制组成员进行讨论。

参与技术机构会议的专家由国内技术对口单位负责组织。国内各有关单位参加国际会议，应填写《参加 ISO 和 IEC 会议报名表》（附录 C）向国内对口技术单位提出申请，并由国内技术对口单位进行资质审查，经国务院标准化主管部门统一向 ISO 提出参会申请并进行代表注册后方可跟随代表团参会。

注意：按照国家质量监督检验检疫总局、国家标准化管理委员会发布的《参加国际标准化组织（ISO）和国际电工委员会（IEC）国际标准化活动管理办法》第三十七条，参加国际会议的代表应遵守以下工作要求：

1）严格遵守外事纪律；

2）严格执行参会任务，按时参加国际会议，不得出现缺席现象；

3）认真准备参会预案，所有代表团成员应按参会预案的统一口径，在参会期间开展国际沟通和交流工作，进行会议发言；

4）参会代表团在参加会议时，只有团长有权对会议决议投票、表态，经团长授权后，其他代表方可在会议发言或进行表态。

（3）平行国际活动及标准宣传

标准编制过程中，除做好标准文本的编写外，还应加强平行国际活动的组织与参与。参加国际标准化活动一方面可以及时将标准工作进展和国内、国际专家进行技术交流，另一方面参与国际合作也有利于提升我国在太阳能热利用技术领域的国际影响力，提高我国在国际标准化工作中的地位，同时也是对标准编制工作的宣传。

在 ISO 22975-1 的标准编制过程中，中国建筑科学研究院除组织国内专家参与工作组讨论外，同时还主办了一系列国际会议及活动增强国内外的交流与合作。

1）主办第三届国际太阳能供热制冷大会（IEA SHC 2014 Conference）

2014 年 10 月，中国建筑科学研究院和国际能源署太阳能供热制冷委员会（IEA-SHC）共同主办了第三届国际太阳能供热制冷大会（IEA SHC 2014 Conference）。来自美国、欧盟、加拿大、澳大利亚、日本、土耳其、卡塔尔、南非等约 20 多个国家和地区，以及中国建筑科学研究院、清华大学、中国科学技术大学、上海交通大学、天津大学、北京工业大学等科研院所和太阳雨、广东万和、奇威特、日本矢崎、力诺瑞特等太阳能行业领先企业的代表约 200 多位嘉宾出席了本次会议。

ISO TC180 主席 Ken Guthrie 先生作为特邀嘉宾，在大会做主旨发言。同时，会议还邀请了国际能源署（IEA）秘书 Anselm Eisentraut，国际太阳能协会（ISES）主席 David Renne 博士，欧洲太阳能热利用产业联盟（ESTIF）主席 Robin M. Welling，美国国际管道暖通器械协会（IAPMO）副主席 Les Nelson 先生等出席会议。

本届大会成功举办得到了与会代表的充分认可与高度称赞，向世界展示了我国太阳能热利用企业和科研单位的技术实力，进一步扩大了我国太阳能热利用行业的国际影响力，为今后标准化工作等领域的深入合作打下了坚实的基础。

2）组织国内企业参与国际合作组织

2014 年 10 月 8 日至 9 日，在中国建筑科学研究院的组织协调下，北京清华阳光公司承办了全球太阳能统一认证体系（Global Solar Certification Network，简称 GSC-NW）工作会。来自美国、德国、澳大利亚等 11 个国家的 30 名代表出席了本次会议。国际能源署太阳能供热制冷委员会（IEA-SHC）副主席、中国建筑科学研究院教授级高工何涛出席会议并致欢迎辞。

全球太阳能统一认证体系工作组以世界高水平太阳能热利用产品检测实验室、认证中心为平台，旨在建立一个无国界的统一认证体系和标识。凡通过认定的检测实验室/认证中心将在 GSC 体系下实现世界范围内成员单位间的互认，即任意成员单位出具的报告与GSC 其他成员单位在其所在国家或地区出具的报告具有同等效力。工作组于 2013 年 10 月在德国柏林成立，由欧洲 Solar Keymark 认证机构主席及秘书长负责，成员单位包括 ISO TC 180、ITW、SRCC 等多个世界著名太阳能热利用技术标准编制及检测认证机构。国家太阳能热水器质量监督检验中心（北京）、中国建筑科学研究院认证中心及北京清华阳光能源开发有限责任公司于 2014 年 3 月成为首批 GSC-NW 亚洲区认可实验室、认证中心及生产企业代表。

3）主办 2015 国际太阳能供热制冷技术峰会（IEA SHC Summit China 2015）

2015 年 7 月，由中国建筑科学研究院主办的 2015 国际太阳能供热制冷技术峰会（IEA SHC Summit China 2015）在北京召开。会议邀请了国际太阳能供热制冷委员会主席、国际标准化组织太阳能技术委员会（ISO TC 180）主席 Ken Guthrie，奥地利国家可持续研究所所长 Werner Weiss，丹麦大型太阳能热利用系统资深专家、欧洲 Solar Keymark 认证秘书长 Jan Erik Nielsen，矢崎能源系统株式会社社长助理清水一雄等国际专家，围绕太阳能热利用领域标准认证、未来技术发展方向等进行了充分的交流与讨论。展示了我国太阳能热利用领域最新研究成果和应用进展，得到了国际专家的一致认可。

6.1.7 标准编制的困难与收益

国际标准的编制周期较长，环节较多，承担国际标准的编制任务，就需要投入大量的时间与精力用于标准撰写、邮件往来、参与会议、组织讨论等活动中。由于标准编制没有经费支持，主编单位还需要投入自有经费参与各项国际活动。加之语言障碍，编制国际标准确实需要克服重重困难才能将编制工作推行至出版阶段。

然而，主导国际标准编制也将在过程中获得收益，总结起来，可以归纳为：

（1）利用编制国际标准的机会，将我国的技术创新成果纳入国际标准化工作中，提高我国的竞争力。

（2）在参与其他国际标准讨论中，及时提出意见和方案，反映我国的技术需求。

（3）参与国际标准化技术会议及活动，获得有关国际标准制定、国际标准化发展动向的资料和信息，有利于开宽视野，开展合作。

（4）结识技术领域内的顶级国际专家，为今后的国际合作创造条件。

例如，国际标准化组织太阳能技术委员会（ISO TC 180）的专家组包括德国、奥地利、丹麦等国太阳能应用研究单位和生产企业的专家，在太阳能热利用产品应用、检测技术等方面具有丰富的经验。在国际标准的编制过程中，中国建筑科学研究院与丹麦技术大学、德国 Fraunhofer 太阳能研究所等研究机构建立了友好的合作关系，并在标准编制工作之外，合作承担了多个国际合作项目：

2013 年，中国建筑科学研究院与丹麦技术大学联合北京市太阳能研究所、丹麦 PlanEnergi 公司等 6 家单位共同承担了中丹 RED 国际合作项目"大型太阳能区域供热系统的测试、研究和示范"；

2015 年，中国建筑科学研究院还与日本矢崎能源系统株式会社联合开展了"不同地区、不同建筑类型太阳能供热空调系统技术经济分析研究"的课题研究。

因此，参与国际标准化活动虽困难重重，但却能为国家、为行业谋求技术利益。我国目前主导编制国际标准的经验尚浅，虽然过程艰难，富有挑战性，但却是一次难得的提高我国标准化技术水平、拓宽深化国际合作道路的机会。

6.2 案例 2—ISO 37156 智慧城市数据交换与共享

数据是智慧城市建设中的关键部分，《住房城乡建设部办公厅关于公布 2013 年度国家智慧城市试点名单的通知》（建办科［2013］22 号）要求高度重视数据整合和数据共享，抓好城市公共信息平台和公共基础数据库建设，对城市数据共享提出了要求。

中国于 2016 年 1 月在奥地利召开的 ISO/TC 268/SC1 基础设施计量分技术委员会全会上提出了《智慧城市基础设施数据交换与共享建设指南》（Guidelines on Data Exchange and Sharing for Smart Community Infrastructures）的提案（NWIP），与会各国专家一致认为该工作组对智慧城市的数据应用标准制定工作有非常重要的意义。该提案由中国城市科学研究会智慧城市联合实验室首席科学家万碧玉博士发起并组织国内专家作为主编单位，会同英国、德国、美国、加拿大、日本、韩国等国家的专家组成编制组开始标准编制工作。截止至 2019 年 4 月此项标准以历时三年，进入 DIS 阶段，预计将于 2020 年初发布，各阶段投票时间如图 6-4 所示。

ISO/DIS 37156 ed.1 - id.69242

Type	Version	Started	End date	Status
DIS	1	2019-03-13	2019-06-05	OPEN
CD	1	2018-07-02	2018-08-29	CLOSED
NP	1	2016-11-11	2017-02-05	CLOSED

图 6-4　智慧城市数据交换与共享各阶段投票时间

6.2.1　智慧城市基础设施计量分技术委员会概况

国际标准化组织城市可持续发展技术委员会（ISO/TC 268）成立于 2012 年，旨在推进城市社会、环境、经济、文化、治理的全面、均衡、可持续发展。国际标准组织智慧城市基础设施计量分技术委员会（ISO/TC 268/SC 1 Smart urban infrastructure metrics）负责智慧城市基础设施的标准化工作，为城市基础设施智能化提供全球统一的标准。秘书处设在日本，日本为主席国，中国为副主席国，中国城市科学研究会为国内技术对口单位，中国城市科学研究会智慧城市联合实验室负责人为该委员会副主席。截至 2019 年 4 月底该分技术委员会下设有 2 个特别工作组（TG），5 个工作组（WG）。共有 33 个成员国，其中 P 成员 26 个，O 成员 13 个，总计发布国际标准 6 项，再研标准 11 项。现有工作组如图 6-5 所示。

ISO/TC 268/SC 01 "智慧城市基础设施计量"
- ISO/TC 268/SC 01/TG 01 "路线图"
- ISO/TC 268/SC 01/TG 02 "智慧城市基础设施 － 试点测试"
- ISO/TC 268/SC 01/WG 01 "基础设施评价 "
- ISO/TC 268/SC 01/WG 02 "智慧城市基础设施集成和交互框架"
- ISO/TC 268/SC 01/WG 03 "智慧交通"
- ISO/TC 268/SC 01/WG 04 "智慧城市基础设施数据交换与共享"
- ISO/TC 268/SC 01/WG 05 "发电设施"

图 6-5　ISO/TC268/SC1 现有工作组

6.2.2　技术准备

2014 年国家标准化管理委员会（SAC）组织成立了智慧城市总体组，开展了智慧城市相关立项工作，已初步形成数据融合的数据采集标准草案框架等国家标准框架。按国家标准制修订计划，2015 年中国城市科学研究会智慧城市联合实验室组织并负责起草了如下标准：《智慧城市建设顶层设计与多规融合》、《数据获取、信息服务与公共支撑平台》、

《智慧城市运营中心建设指南》、《智慧社区建设规范》。同时，作为提案单位中国城市科学研究会智慧城市联合实验室也先后组织专家针对智慧城市基础设施数据交换与共享进行了多次的深入研讨。

该标准与 ISO 37101、ISO 37120、ISO 37150、ISO 37151 均是智慧城市基础设施相关标准。其中：ISO 37101 是以城市和社区的高水平管理为目标的不同类型的数据支持的要求；ISO 37120 是从宏观层面对于城市实现可持续发展提出的指导；ISO 37150 和 ISO 37151 是在 ISO 37120 的总体指导下，对智慧城市基础设施性能指标提供的具体性指导。该标准与 ISO 37150、ISO 37151 均是智慧城市基础设施具体实施层面的指导和建议，不同的是，该标准重点对智慧城市基础设施的数据组织、融合、交换、共享和安全提出指导。

此外，编写组还针对已有国内国际标准进行了分析研究，主要关联标准如下：

ISO 8000-110《数据质量-第 110 部分：主数据：典型数据的交换：语法、语义编码和数据规范的一致性》

ISO 22745-1《工业自动化系统与集成 公开技术词典及其对主数据的应用 第 1 部分：综述和基本原则》

IEC SEG1 WG2《城市规划和仿真系统》

IEC SEG1 WG3《城市基础设施管理》

《智慧城市数据融合 第 2 部分：数据采集规范》

《智慧城市 数据融合 第 5 部分：市政基础数据要素》

《城市数据全球委员会（WCCD）开放城市数据平台计划》

6.2.3　人员准备

作为此项提案单位中国城市科学研究会智慧城市联合实验室联合国内外相关专家组成了国内提案工作组完成了文本准备工作。

2015 年 6 月 13 日 ISO/TC 268/SC 1 第五次全体会议决议成立 ISO/TC 268/SC 1 AHG 3 临时工作组，中国城市科学研究会智慧城市联合实验室万碧玉博士被任命为 ISO/TC 268/SC 1 AHG 3 召集人。2017 年 8 月 24 日在日本东京召开工作组会议正式成立了国际编写组以推进次国际标准的编制工作。

6.2.4　文本准备

根据《参加国际标准化组织（ISO）和国际电工委员会（IEC）国际标准化活动管理办法》第二十八条及《ISO/IEC 导则第 1 部分：技术工作程序》规定，中国城市科学研究会智慧城市联合实验室组织填写了国际标准新工作项目提案申请表（FORM 04）（中英文），国际标准的草案或大纲（中英文）及国际标准新工作项目提案审核表。

6.2.5　申报过程

2015 年 6 月在英国召开的 ISO/TC 268 城市可持续发展技术委员会工作组会议上中国提出了名为《城市基础设施信息共享案例研究和建议》的提案。提案方向得到会议认可，并成立了 ISO/TC 268/SC 1 AHG 3 工作组，更多国际专家开始参与到研究中。2015 年 10 月在法国召开的 ISO/TC 268 第五次全体会议上又对提案进行了完善，确定将 AHG3 名称变更为《智慧城市基础设施数据交换与共享》。2016 年 1 月在奥地利召开的 ISO/TC 268 第六次全体会议与 SC1 AGH3 工作组会议上，与会各国专家一致认为该工作组对智慧城市的数据应用标准制定工作有非常重要的意义，并提议将提案更名为《智慧城市基础设施数据交换与共享指南》。

中国城市科学研究会智慧城市联合实验室根据国内立项要求组织专家起草了提案文档，并将其提交至国内技术对口单位中国城市科学研究会，经审核后中国城市科学研究会报送至行业主管部门住房和城乡建设部，主管单位对提案的必要性，可行性等进行审核并将意见反馈至中国城市科学研究会。中国城市科学研究会将审核通过后的文件报送至国家标准化管理委员会。国家标准化管理委员会研究同意。至此，完成了国内申报流程。

国家标准化管理委员会将此项提案材料发送至 ISO/TC 268/SC1 秘书处开始了国际立项流程，立项投票开始于 2016 年 11 月截止于 2017 年 2 月，为期 3 个月，投票结果如图 6-6 所示。

Country (Member body)*	Status	1a. Agree to add to work programme								Mkt rel.	1b.Stakeholders consultation		2. Relevant documents		3. Comments		4. Participation	
		Yes				No			Abs		Yes	No	Yes	No	Yes	No	Yes	No
		20.00	20.20	30.00	40.00	PWI:Yes	PWI:No	NC	Exp									
Austria (ASI)	P								X									
Canada (SCC)	P	X								X	X			X		X	X	
Chile (INN)	P					X				X	X			X		X		X
China (SAC)	P	X									X			X		X		
Denmark (DS)	P								X		X			X		X		
France (AFNOR)	P								X		X			X		X		
Germany (DIN)	P	X									X		X		X		X	
India (BIS)	P								X		X			X		X		X
Japan (JISC)	S	X									X			X		X		X
Korea, Republic of (KATS)	P	X										X		X		X		X
Netherlands (NEN)	P								X		X			X		X		
Norway (SN)	P					X					X			X		X		
Russian Federation (GOST R)	P	X										X		X		X		X
South Africa (SABS)	P					X					X			X		X		
Spain (UNE)	P					X					X			X		X		X
Sri Lanka (SLSI)	P	X									X			X		X		X
Sweden (SIS)	P						X				X		X		X		X		X
Ukraine (DSTU)	P						X											
United Kingdom (BSI)	P	X									X			X		X	X	
United States (ANSI)	P	X									X			X	X	X	X	
Sub-Total Question 1a		9	0	0	0			1	10									
Totals		9				0			11	2	14	3	1	16	2	15	7	10

* Status : P for P-Member, O for O-Member and S for Secretariat   * Abs: NC for lack of National Consensus, Exp for lack of Expert Input

图 6-6 NP 立项投票结果

本次投票有 20 个 P 成员参与，获得 9 票赞成，0 票反对，11 票弃权，其中赞成票中有 7 个 P 成员推荐了专家参与后续研究工作。

6.3 案例 3—ISO 22497 幕墙-术语

背景：截至 2019 年 4 月，ISO/TC 162 已经发布 20 项国际标准，在编 2 项；积极成员国为 22 个，观察成员国为 32 个。

ISO/TC 162 的主要技术领域和为建筑门和窗，2015 年增加了建筑幕墙。因此，目前为止，还没有专门的建筑幕墙国际标准。ISO/TC 162 的国内技术对口单位为中国建筑标准设计研究院有限公司。与之相关的国内技术关联标委会为全国建筑幕墙门窗标准化技术委员会 SAC/TC 448，SAC/TC 448 秘书处承担单位为中国建筑科学研究院和中国建筑标准设计研究院有限公司。

ISO/CD 22497 Curtain walling—Terminology "建筑幕墙术语" 该标准为第一项国际标准。早在 2008 年 ISO/TC 162 年会上，我国提出申请编制国际标准《Terminology of curtain wall》（建筑幕墙术语）的提案，然而由于种种原因，该方案未得到推进。直到 2014 年，Tom Ito 先生接任了 ISO/TC 162 的秘书长，经过多次沟通，中日两国继续开展推动国际标准《Terminology of curtain wall》的立项工作，并由我国作为主导国，推进立项工作的进行。

6.3.1　技术准备

技术准备包括搜集国内外资料、情报搜集、前期调研等工作。

由于我国的国家标准《建筑幕墙术语》的编制已经基本完成，因此该项目有着比较好的立项基础。

该标准立项前，国外标准有欧洲标准 EN 13119：2007《幕墙—术语》正在修订，我国国家标准中，相关标准有 GB/T 21086—2007《建筑幕墙》以及相关的工作中技术规范。因此，该项目在我国已经有良好的工作基础，国外标准方面，主要是和 EN 标准进行协调。在标准立项申报过程中，主要做了以下工作：

（1）确定我国的国家标准转化为国际标准的可行性

我国的国家标准《建筑幕墙术语》于 2012 年开始编制，2015 年完成了标准审查。因此，ISO "建筑幕墙术语" 是在我国的国家标准基础上进行编写的，我国的幕墙术语，共有 272 个条文，主要包括了：基本术语、幕墙分类术语、幕墙构件术语、附件与材料术语、构造术语、性能术语和其他术语等，此标准已经完成报批，将此标准申报国际标准是完全可行的。

（2）查询国际、国外是否有相关标准并做对比分析

由于建筑幕墙还没有相关的国际标准，因此，主要从国外先进国家的相关标准进行了查询。

美国标准：美国相关幕墙术语标准，AAMA CW-DG-1-96_Curtain Wall Design Guide Manual。

欧盟标准：项目在立项时，欧盟标准也在修订中，相关资料有 PrEN 13119：2015《Curtain walling-Terminology》

俄罗斯标准：GOST 33079—2014 Translucent enclosing hanging structrues classification. Terms and Definitions（针对透明面板的围护结构 术语和定义）

（3）确定拟申报国际标准的名称、范围和内容

在对几个国外相关标准进行了对比后，发现只有欧盟和中国有确切的 "建筑幕墙术语" 标准。将两本标准进行对比后，最大的不同点是我国的国家标准涵盖的范围远大于欧盟标准。欧盟标准中，只有 35 项术语。我国的国家标准包括范围更大、内容更多，标准术语还包括了性能术语、检测方法术语、构造术语、材料术语等。

由于 ISO/TC 162 的 P 成员国中，有一半都来自欧盟，因此，在标准提案稿的编写时，更考虑到了欧盟国家的意见，标准术语的范围尽可能选取和欧盟标准相接近的术语，共 58 项。

6.3.2 人员准备

ISO《建筑幕墙术语》和另一国际标准《建筑门窗术语》是同时开始编制工作的，国际标准《建筑门窗术语》由日本主导，ISO《建筑幕墙术语》由我国主导，由于两个标准均为术语标准，且有一定的相关性。因此，ISO/TC 162 秘书处提议两项标准成立一个工作组 WG3，由日中双方推荐工作组的召集人和联合召集人，来共同负责两项标准的编制工作。

成立工作组以及工作组召集人的投票从 2017 年 3 月 14 日开始到 2017 年 4 月 13 日结束。最终以超过半数赞成票险胜通过。由此，WG3"术语"工作组正式成立，由日方江草先生担任工作组的召集人，我国王洪涛先生担任工作组的联合召集人。

这期间，全国建筑幕墙门窗标准化技术委员会也在行业内征集外语水平较高的建筑幕墙术语的专业技术人员，成立了国际标准专家技术支持团队。

6.3.3 文本准备

（1）搜集国内外相关标准资料，主要包括：

1）GB/T 15227—2007 建筑幕墙气密、水密、抗风压性能检测方法；

2）GB/T 21086—2007 建筑幕墙；

3）GB/T 31433—2015 建筑幕墙、门窗通用技术条件；

4）GB/T 34327—2017 建筑幕墙术语；

5）JGJ/T 102 玻璃幕墙工程技术规范；

6）AAMA CW-DG-1-96_Curtain Wall Design Guide Manual；

7）PrEN 13119：2015《Curtain walling-Terminology》；

8）GOST 33079—2014 Translucent enclosing hanging structrues classification-Terms and Definitions（俄罗斯标准）。

（2）准备标准草稿或大纲及其他相关文件

标准草稿的编写在基于我国国家标准《建筑幕墙术语》的基础上，按照 ISO/IEC Directives-Part 2 的要求进行了编写，并完成了其他相关文件的编写，征求对口单位专家的立项意见，并和对口单位专家一起，完成草案稿的编写，最后由项目申报单位盖章。

这期间，我国项目申报单位多次和 ISO/TC162 的秘书处进行了沟通和交流，先后于 2015 年 4 月 3～4 日、2015 年 8 月 2～4 日、2016 年 9 月 25～29 日进行了两国代表会议，讨论了标准的草案和申报工作。

6.3.4 申报过程

（1）联系并征求国内技术对口单位意见

ISO/TC 162 的国内技术对口单位是中国建筑标准设计研究院有限公司。因此，在确定了拟申报的标准后，应首先联系该单位的标准管理人员，征求国内对口单位的意见，完成新项目提案，并和项目申报文件一起上报 ISO/TC 162 的中国国内对口单位中国建筑标准设计研究院有限公司。

（2）技术对口单位审核申报文件

虽然我国的国家标准《建筑幕墙术语》负责单位为广东省建筑科学研究院集团有限公司，但因该 ISO 项目是中国建筑科学研究院于 2008 年已经进行过申报，因此，该项目的国内申报单位仍为中国建筑科学研究院。对口单位对项目进行审核盖章后，上报给行业主管单位住房和城乡建设部标准定额司。

（3）住建部标准管理部门审核通过后盖章报国家标准化管理委员会

住建部标准化管理部门收到国际标准申报文件，和标准对口司进行沟通、协调，对 ISO 项目申报单位的情况和技术能力进行了确认，审核通过，盖章经由国内技术对口单位报国家标准化管理委员会。

（4）ISO/TC 162 申报提交

国家标准化管理委员会负责部门对新标准提案申报文件进行程序性审查通过后向 ISO/T 162 秘书处进行提交。

（5）国际标准"建筑幕墙术语"（PWI）立项投票

由于欧盟对于我们之前和日方讨论之后形成的投案稿不予支持，主要理由是欧盟存在 facade 和 curtain wall 的区别，对于我们之前的讨论稿中的点支撑幕墙术语写入标准，不予支持。而如果国际标准申报立项，需要 TC 162 全体 20 个 P 成员国进行投票，投票采取简单多数原则，并有 5 个以上的成员国承诺积极参与标准编制，才能立项成功；然而，在 20 个 TC 162 的 P 成员国中，有 11 个为 EN 成员国，如果没有 EN 对 ISO 投票的支持，则不可能达到半数。

因此，为了能够取得 EN 的支持，TC 162 秘书处从原来的进行 NP（新工作项目投案）投票，改为 PWI（预工作项目）投票，在 PWI 稿中，也暂时去掉点支撑的相关内容。

立项投票工作于 2016 年 11 月 29 日到 2017 年 1 月 31 日之间进行。最终以超过半数 P 成员赞成通过了 PWI（预工作项目）的立项。

（6）编制各阶段工作流程图（图 6-7）

（7）制定工作计划

为了迎接工作组成立大会，2017 年 5 月 15 日 ISO/TC 162 秘书处及日方项目负责单位到北京，召开工作组成立大会的筹备会议。会议介绍了门窗幕墙工作组成立的经过、秘书处对工作组的管理，讨论并确定了工作组第一次会议的相关工作安排，并确定 2017 年 6 月在杭州召开门窗幕墙工作组第一次工作会议，并建议 2017 年 10 月在德国柏林召开 ISO/TC162 全体会议。

（8）召开工作组成立大会，标准起草

2017 年 6 月 23 日，由中国建筑科学研究院主办的 ISO "建筑门窗幕墙术语工作组"成立暨第一次会议在杭州召开，ISO/TC 162 门和窗技术委员会 Tsutomu Ito 秘书长、ISO/TC162 Tetsuya Egusa 先生、日本门窗制造协会 Akira Kudo 先生、韩国技术标准局（KATS）Byunglip Ahn 先生、俄罗斯联邦 Rumyantsev Sergey 先生，以及中国的幕墙门窗专家代表共 28 人参加了会议，会议任命 Tetsuya Egusa 和王洪涛先生为工作组的召集人。

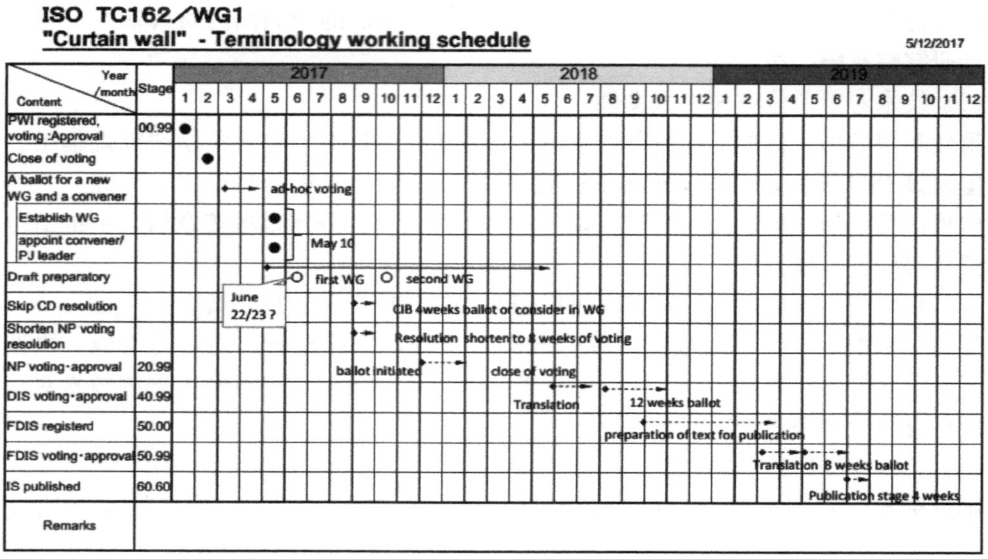

图 6-7　国际标准"建筑幕墙术语"编制全过程流程图

ISO/TC162 秘书长 ITO 先生宣布了 WG3 工作组的成立，并任命了工作组召集人和联合召集人。会议听取了 ISO/TC 162 现状的报告和 WG3 工作安排的报告、ISO《建筑幕墙术语》和 ISO《建筑门窗术语》的立项和编写背景，并对标准草稿进行了主持讨论。最后，与会代表形成了会议决议，确定了工作目标以及下一步工作安排。

（9）投票阶段所做工作

在投票之前，需要对各 P 成员国对本标准投票的态度进行分析，将各国分为赞成国、中立国和反对国三类。对于中立国，应积极争取，可以将其邀请到我国进行考察和调研，了解并排除其顾虑，使其从中立国转变为赞成国。对于反对国，通过交流和对话，认真分析其反对的原因，必要时，也可以在标准的技术内容上做一定的让步。

对于 ISO《建筑幕墙术语》来说，由于欧盟方面不支持的原因，ISO《建筑幕墙术语》的立项过程非常的艰辛。欧盟方面不支持的原因主要有以下两点：

其一，欧盟标准中存在 facade 和 curtain wall 的区别，而我国国家标准两者均为"建筑幕墙"，因此，欧盟对于我们之前的讨论稿中的点支撑幕墙等术语写入标准，不予支持。

其二，EN"幕墙术语"标准修订完成，即将发布，欧盟不希望这么快再编写一本 ISO 幕墙术语标准。

如果国际标准申报立项，需要 TC 162 全国全体 20 个 P 成员国进行投票，投票超出一半，立项成功；然而，在 20 个 TC 162 的 P 成员国中，有 11 个为 EN 成员国，如果没有 EN 对 ISO 投票的支持，则不可能达到半数。为此，TC 162 秘书长以及我国项目申报单位中国建筑科学研究院在项目投票前通过多种渠道和 CEN/TC 33（Doors，windows，shutters，building hardware and curtain walling）秘书长以及包括德国、法国意大利等成员国的专家进行沟通和交流，以得到其宝贵的一票。

通过这次投票的经验启示我们，在选取 ISO 新项目时，尽量选取和国外相关国家标准没有冲突的项目，选取主要 P 成员国不太熟悉，或不太关心的项目，在投票阶段，可以减少或避免不必要的麻烦。

2017 年 10 月 23～24 日，ISO/TC 162 门和窗技术委员会 2017 年会在德国柏林召开。此次年会，中国建筑科学研究院王洪涛主任作为 ISO "建筑幕墙术语" 标准编制的召集人，主持了该标准的编制工作会议。来自中国、日本、韩国、俄罗斯、德国、法国、意大利、澳大利亚等参会代表重点就 ISO "建筑幕墙术语" 的主要内容进行详细讨论，并确定了部分术语及定义。由于欧盟标准 "建筑幕墙术语" 中幕墙的定义和范围与我国国家标准《建筑幕墙术语》有较大差异，欧盟标准中幕墙仅包括框架式玻璃幕墙，而我国国家标准中幕墙范围涵盖了单元式玻璃幕墙、金属与石材幕墙、人造板材幕墙等，因此 ISO "幕墙术语标准" 编制过程中存在众多分歧和难点，本次会议就部分内容达成了一致，为该标准后续进一步深入编制奠定了良好的基础。

本次会议上，中国还提出将我国五项幕墙门窗国家标准编制国际标准的提案，中国建筑科学研究院代表中方对拟申请立项的国际标准提案做了介绍，得到了与会各国代表的一致认可，会议就相关提案下一步的工作进行了讨论。

6.4 案例 4—ISO 21274 光与照明-照明系统调试方法

6.4.1 光与照明技术委员会概况

国际照明委员会（CIE）为适应照明领域激烈的国际竞争形势，拓展国际战略标准，积极与国际标准化组织合作，于 2012 年 11 月成立了 ISO TC 274 光与照明（light and lighting）技术委员会。其工作范围包括：在照明技术领域，对 CIE 工作项目补充的特定案例的标准化，并且协调 CIE 草案，依照 19/1984 和 10/1989 理事会决议，涉及视觉、光度和色度学，光谱范围涵盖紫外、可见和红外的自然光和人工光，技术领域覆盖所有光应用、室内外照明、能效，包括环境、非可视化生物和健康影响。ISO/TC 274 秘书处设在德国标准化协会（DIN），主席为来自荷兰飞利浦的 Ad de Visser 先生。该技术委员会的成立对于 CIE 技术标准在国际社会的推广和应用具有重要作用和意义。目前该技术委员会下设一个主席顾问工作组（CAG），和三个工作组（如图 6-8 所示），其中：

CAG 工作组召集人为技术委员会主席 Ad de Visser，秘书处为德国 DIN，其主要任务是作为技术委员会的 "智库" 为工作计划的实施提供技术支持，并根据实际工作适时对工作计划进行修订。

第一工作组于 2014 年成立，召集人为来自德国 ZVEI 的 Soheil Moghtader 先生，该工作组秘书处设在德国，其主要任务是开展照明能效相关标准工作，目前有工作项目一项 ISO/NP 20086。

第二工作组于 2016 年成立，召集人为来自中国建筑科学研究院环能院光环境与照明研究中心的王书晓高级工程师，该工作组秘书处设在中国，其当前主要任务为开展智能照明系统调试相关标准工作，并将为后期智能照明标准化工作制订路线图，从而引导产业健康发展，目前有预备工作项目一项 ISO/PWI 21274。

第三工作组于 2016 年成立，召集人为来自荷兰飞利浦的 Vries Adrie de，该工作组秘书处设在荷兰，该工作组将制订关于照明系统维护系数应用方法标准。

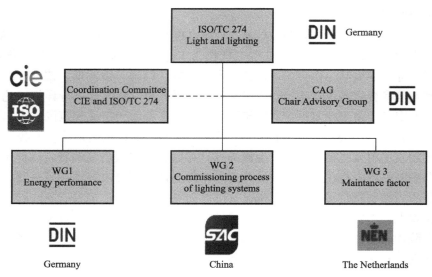

图 6-8　ISO/TC 274 组织架构图

（1）技术委员会成员国特征

技术委员会目前有 22 个 P 成员国（如表 6-3 所示），和 17 个 O 成员国。其中 P 成员国中有 14 个为欧洲国家，这就决定了在 ISO/TC 274 必须要得到欧洲国家的支持，至少不强烈反对，才能保证相关标准工作能够顺利开展。

TC 274 成员国信息　　　　　　　　　　　　　　表 6-3

P 成员国		O 成员国	
德国（秘书处）	奥地利	亚美尼亚	哥伦比亚
比利时	加拿大	塞浦路斯	捷克
中国	丹麦	厄瓜多尔	爱沙尼亚
芬兰	法国	哈萨克斯坦	新西兰
匈牙利	伊朗	波兰	塞尔维亚
意大利	日本	新加坡	南非
韩国	马来西亚	西班牙	斯里兰卡
荷兰	挪威	阿拉伯联合酋长国	肯尼亚
斯洛伐克	瑞典	—	罗马尼亚
瑞士	英国	—	—
俄罗斯联邦	坦桑尼亚	—	—

（2）国内归口单位

由北京半导体照明科技促进中心、北京电光源研究所、中国照明学会以及深圳市计量质量检测研究院组成的联合工作组负责对口 TC 274 的国内相关工作，其中北京半导体照明科技促进中心为组长单位。

6.4.2　技术准备

随着 LED 技术的发展，LED 照明产品逐步从夜景照明向道路、隧道照明，进而向公共建筑照明等照明领域推广，使得照明要求也逐步从数量型向质量型，甚至是健康型转化。而伴随着信息技术、传感技术、网络技术、云计算和大数据等快速发展，照明控制逐步从人工控制向自动控制，继而最终向智能控制转化。LED 技术良好的可控特性使得智能照明进一步发展和应用成为可能，更易实现"按需照明"理念，对于提升人工照明环境改善人体昼夜节律的功效方面，具有无可比拟的优势。ISO/TC 274"光与照明"在其技术委员会《工作业务规划》中明确将智能照明作为其未来优先发展的重点领域。

中国建筑科学研究院王书晓高级工程师作为 ISO/TC 274 派驻 ISO/TC 205 的联络人，在联络人工作报告中强调智能照明系统中将会大量使用传感器、控制器，从而使得照明系统变得更加复杂，这就要求尽快制订智能照明系统调试方法标准，从而确保智能照明系统的健康发展。该观点得到与会专家的认可，从而为后续标准工作的开展提供了重要的技术依据和准备。

6.4.3　人员准备

王书晓被任命为 ISO/TC 274 派驻 TC 205 的联络人是他参与国际标准化工作的重要条件。由于两个技术委员会间工作存在较强关联，甚至重叠，因此作为 TC 274 派驻 TC 205 联络人，他需要跟踪 TC 205 的技术工作，并及时向 TC 274 报告相关工作进展。这个工作使得王书晓能够初步了解技术委员会的组织架构、标准化工作流程，并与部分成员国专家建立了较好的合作关系。而 TC 205 作为开展建筑环境设计标准化工作的技术委员会，其工作更是对于开展 TC 274 的相关工作具有十分重要的参考价值。在 TC 205 发布的 ISO 16817、ISO 16484—1 等标准均明确规定调试是保证建筑楼宇自控系统和室内视觉环境质量的重要保障措施。ISO/TC 274 工作计划中明确提出将智能照明作为该技术委员会六大优先发展领域问题之一，因此在王书晓的联络人工作报告中指出智能照明系统中将会大量使用传感器、控制器，从而使得照明系统变得更加复杂，这就要求尽快制订智能照明系统调试方法标准，从而确保智能照明系统的健康发展。这一理念得到了与会专家的认可，也成为 ISO/NP TS 21274 提案的重要基础。该项目于 2016 年 3 月 8 日正式被技术委员会作为 PWI 项目，并通过 9 次会议与国际同行的反复沟通、协调，与会专家对标准草案进行了逐条地讨论，并基本对技术内容达成共识。通过三年的认真沟通和磨合，第二工作组所有与会专家均对王书晓作为工作组召集人的工作和取得成绩表示高度认可，一致同意将该标准草案提交技术委员会秘书处，发起标准正式立项投票，从而为该标准的正式立项做好了充分的人员准备。

6.4.4　文本准备

根据 ISO 相关规定，标准提案需要提交提案表格 Form 4 和标准草案（大纲）如图 6-9 所示。由于照明系统调试方法标准在此前国内外均无先例可以借鉴，因此在提案阶段提交标准大纲，从而避免由于部分详细内容不准确而增加立项阻力，以下为提案资料。

经过认真准备，特别是在 2015 年 10 月 12 日在 ISO/TC 274 协调委员会电话会议上与相关专家就标准名称等进行讨论，并对标准提案中部分内容进行修改完善。在此基础上中国国家标准化管理委员会于 2015 年 11 月 23 日正式向 ISO/TC 274 提交关于制订《Light and Lighting—Commissioning Process of Adaptive Lighting Systems》标准的提案。ISO/TC 274 秘书处就该提案发起为期 3 个月的投票。在投票期间，中国委员会秘书处，特别是王书晓同志通过邮件的形式，以及飞利浦等相关企业渠道与各国负责投票专家进行反复

Ch. de Blandonnet 8, CP 401, 1214 Vernier, Geneva, Switzerland | T: +41 22 749 01 11 | iso.org | central@iso.org

Form 4: New Work Item Proposal

Circulation date: Click here to enter text. Closing date for voting: Click here to enter text.	Reference number: Click here to enter text. (to be given by Central Secretariat)
Proposer SAC	ISO/TC 274/SC Click here to enter text. ☒ Proposal for a new PC
Secretariat DIN	

A proposal for a new work item within the scope of an existing committee shall be submitted to the secretariat of that committee with a copy to the Central Secretariat and, in the case of a subcommittee, a copy to the secretariat of the parent technical committee. Proposals not within the scope of an existing committee shall be submitted to the secretariat of the ISO Technical Management Board.

The proposer of a new work item may be a member body of ISO, the secretariat itself, another technical committee or subcommittee, an organization in liaison, the Technical Management Board or one of the advisory groups, or the Secretary-General.

The proposal will be circulated to the P-members of the technical committee or subcommittee for voting, and to the O-members for information.

IMPORTANT NOTE: Proposals without adequate justification risk rejection or referral to originator.

Guidelines for proposing and justifying a new work item are contained in **Annex C of the ISO/IEC Directives, Part 1.**

■　The proposer has considered the guidance given in the Annex C during the preparation of the NWIP.

Proposal (to be completed by the proposer)

Title of the proposed deliverable. **English title:** Light and Lighting ---Commissioning of Lighting Systems **French title (if available):** Click here to enter text. *(In the case of an amendment, revision or a new part of an existing document, show the reference number and current title)*

FORM 4 – New work item proposal

Version 01/2015

Scope of the proposed deliverable.

The purpose of this international standard is to describe requirements of commissioning for lighting systems. The requirements include procedures, methods, and documentation requirements on each activity for project delivery from installation through occupancy/operations.

This international standard presents details on the commissioning of lighting systems without focusing on technical characteristics of specific assemblies, detailed information of which will be covered by supplementary technical publications being developed.

This standard can be applied to both new and renovation non-domestic buildings.

Purpose and justification of the proposal*

Building users are demanding better quality of visual environment while there is need to reduce impact on natural resources and minimizes energy use. A successful lighting design can help to deliver the right amount of light where it is needed and when it is needed, the use of which can provide a higher level of energy performance of buildings, support flexibility of use of a space, and increase occupant satisfaction, especially when the controls are performed with the consideration of daylight.

The widening application of solid state lighting technology and growing scientific insight on the impact of light of human factors and people's diverse demands for lighting function bring a further incentive for the application of high level lighting control systems.

But this also increases the complexity of installed systems. The resulting systems are not only complex to design, but also complex to install, set to work and maintain. The quality of the implementation of a lighting system is very dependent on the implementation of design. A commissioning plan shall be developed to ensure that all lighting systems function as close to the design intent as possible. But until now, no detailed standard has been compiled on this subject. So it is an urgent need facing the lighting designer and other stakeholders to better guide the development and application of adaptive lighting system.

Commissioning is a quality-oriented process for achieving, verifying, and documenting whether the performance of a building's systems and assemblies meet defined objectives and criteria. Commissioning is often viewed as a task performed after a lighting system is installed and before it is handed over to the owner to check operational performance. We clearly favoured a broader view which starts at the design phase with the cooperation of design teams, goes through the construction process and continues during operation. This broader view aims at bridging the gaps between 4 different visions: the expectations of the building owner, the project of the designer, the assembled system of the contractor, and the running system of the operator.

The document provides minimum requirements on roles and responsibilities of every participants of commissioning, and procedures, documentation, and warranty requirements on each activity for commissioning delivery from installation through occupancy/operations.

Consider the following: Is there a verified market need for the proposal? What problem does this standard solve? What value will the document bring to end-users? See Annex C of the ISO/IEC Directives part 1 for more information.

See the following guidance on justification statements on ISO Connect:
https://connect.iso.org/pages/viewpage.action?pageId=27590861

Preparatory work (at a minimum an outline should be included with the proposal)

☐ A draft is attached　　☒ An outline is attached ☐ An existing document to serve as initial basis

The proposer or the proposer's organization is prepared to undertake the preparatory work required:

☒ Yes　☐ No

If a draft is attached to this proposal,:

Please select from one of the following options (note that if no option is selected, the default will be the first option):

☒ Draft document will be registered as new project in the committee's work programme (stage 20.00)

☐ Draft document can be registered as a Working Draft (WD – stage 20.20)

☐ Draft document can be registered as a Committee Draft (CD – stage 30.00)

☐ Draft document can be registered as a Draft International Standard (DIS – stage 40.00)

Is this a Management Systems Standard (MSS)?

☐ Yes ☒ No

NOTE: if Yes, the NWIP along with the Justification study (see Annex SL of the Consolidated ISO Supplement) must be sent to the MSS Task Force secretariat (tmb@iso.org) for approval before the NWIP ballot can be launched.

Indication(s) of the preferred type or types of deliverable(s) to be produced under the proposal.

☐ International Standard ☒ Technical Specification

☐ Publicly Available Specification ☐ Technical Report

Proposed development track

☐ 1 (24 months) ☒ 2 (36 months - default) ☐ 3 (48 months)

Note: Good project management is essential to meeting deadlines. A committee may be granted only one extension of up to 9 months for the total project duration (to be approved by the ISO/TMB).

Known patented items (see ISO/IEC Directives, Part 1 for important guidance)

☐ Yes ☒ No

If "Yes", provide full information as annex

Co-ordination of work: To the best of your knowledge, has this or a similar proposal been submitted to another standards development organization?

☐ Yes ☒ No

If "Yes", please specify which one(s):

Click here to enter text.

A statement from the proposer as to how the proposed work may relate to or impact on existing work, especially existing ISO and IEC deliverables. The proposer should explain how the work differs from apparently similar work, or explain how duplication and conflict will be minimized.

Standards on building automation and control systems from ISO TC 205 only provides us general principles on control systems, including hardware, function, communication protocol, and etc. But as to the lighting control systems, there are still no detailed requirements. ISO TC205/WG 10 is just focusing on the commission of HVAC systems not covering the lighting field, so there is no standard being developed in the specified area.

A listing of relevant existing documents at the international, regional and national levels.

ISO 16484-1, ISO 16484-2, BSR/ASHRAE/IES Standard 202P，CIBSE Commissioning Code L, IES DG-29-11

FORM 4 – New work item proposal

Version 01/2015

A simple and concise statement identifying and describing relevant affected stakeholder categories (including small and medium sized enterprises) and how they will each benefit from or be impacted by the proposed deliverable(s)

Relevant affected stakeholders are architects, building engineers, lighting and control manufactures, building clients, contractors, government officials and academic staff.

Liaisons:	Joint/parallel work:
A listing of relevant external international organizations or internal parties (other ISO and/or IEC committees) to be engaged as liaisons in the development of the deliverable(s).	Possible joint/parallel work with:
	☒　IEC (please specify committee ID)
	TC 34
	☒　CEN (please specify committee ID)
CIE, ASHRAE, IEC TC 34	TC 169 light and lighting
	☒　Other (please specify)
	CIE Division 3, ISO/TC 205, ISO/TC 163

A listing of relevant countries which are not already P-members of the committee.

USA

Note: The committee secretary shall distribute this NWIP to the countries listed above to see if they wish to participate in this work

Proposed Project Leader (name and e-mail address)	Name of the Proposer (include contact information)
Wang Shuxiao, wangshuxiao@chinaibee.com	LI Yubing General Secretary,Chinese Member Body of ISO SAC Email:sac@sac.gov.cn

This proposal will be developed by:

☒　An existing Working Group (please specify which one: WG 2)

☐　A new Working Group (title:..)

(Note: establishment of a new WG must be approved by committee resolution)

☐　The TC/SC directly

☐　To be determined

Supplementary information relating to the proposal

☒　This proposal relates to a new ISO document;

☐　This proposal relates to the adoption as an active project of an item currently registered as a Preliminary Work Item;

☐　This proposal relates to the re-establishment of a cancelled project as an active project.

Other:

Click here to enter text.

☒　Annex(es) are included with this proposal (give details)

Outline of the Standard

FORM 4 – New work item proposal

Version 01/2015

图 6-9　《Light and Lighting—Commissioning Process of Adaptive Lighting Systems》

NP 提案申请表示例

沟通，并希望得到他们的支持，累计发出邮件近百封。然而该标准涉及的智能照明是当前照明行业发展的热点，同时欧洲照明企业由于缺乏相关调试工作经验，因此对照明调试有不同理解，特别是基于本国利益考虑，最终标准获得 8 票支持，7 票反对，6 票弃权的成绩，并有 4 个成员国决定派专家参与本项目。不符合 ISO/IEC 导则关于需要 5 个以上成员国同意并派专家参与的要求，未获得通过，具体结果如图 6-10 所示。

Ballot Information

Ballot reference	New Work Item Proposal "Commissioning Process" from China
Ballot type	NP
Ballot title	NWIP "Light and Lighting - Adaptive Lighting Systems - Commissioning Process"
Opening date	2015-11-27
Closing date	2016-02-29
Note	The CoCo of ISO/TC 274 recommends developing the proposal within ISO/TC 274. ISO/TC 205 and IEC/TC 34 should be informed about the proposal.

Member responses - Votes by members

Country (Member body)	Status	1a. Agree to add to work programme							Market relevance	1b.Stakeholders consultation		2. Relevant documents		3. Comments		4. Participation	
		Yes				No		Abs									
		20.00	20.20	30.00	40.00	PWI: Yes	PWI: No			Yes	No	Yes	No	Yes	No	Yes	No
Australia (SA)	P							X									
Austria (ASI)	P							X		X			X	X			X
Belgium (NBN)	P					X			X	X			X	X			X
Canada (SCC)	P	X							X	X			X		X		
China (SAC)	P	X							X	X			X		X		
Denmark (DS)	P							X									
Finland (SFS)	P							X		X			X	X			X
France (AFNOR)	P					X			X	X			X		X		
Germany (DIN)	S					X			X	X			X			X	
Hungary (MSZT)	P	X							X	X			X	X			X
Iran, Islamic Republic of (ISIRI)	P							X		X			X	X			X
Italy (UNI)	P					X			X	X			X		X		
Japan (JISC)	P					X			X	X			X		X		
Korea, Republic of (KATS)	P	X							X	X			X	X			X
Malaysia (DSM)	P		X						X	X		X					
Netherlands (NEN)	P					X			X	X		X		X			X
Norway (SN)	P							X		X			X	X			X
Slovakia (SOSMT)	P	X							X	X			X	X			
Sweden (SIS)	P	X							X	X			X	X			
Switzerland (SNV)	P	X							X	X			X	X			X
United Kingdom (BSI)	P					X			X	X			X	X			X
Sub-Total Question 1a		7	1	0	0	7	0	6									
Totals		**8**				**7**		**6**	**15**	**18**	**1**	**1**	**18**	**6**	**13**	**10**	**9**

图 6-10　ISO/TC 274《Light and Lighting—Commissioning Process of Adaptive Lighting Systems》立项投票结果

　　由于该标准是我方第一次发起标准提案，因此对 ISO 相关规则了解不够准确，认为赞成票应该超过所有投票国家（含弃权票）数量一半以上。然而根据导则要求，仅需赞成票高于反对票即可。这一理解导致我方未能够把握时机，联系韩国等赞成国补充参与项目专家。由于该项目有另外 6 个成员国虽然投票反对或弃权，确表示安排专家参与该项目，因此技术委员会秘书处认为该项目收到各成员国广泛关注，因此被注册为预备工作项目。并通过投票同意由王书晓担任工作组召集人，建立 ISO/TC 274/WG 2。

　　目前，该标准已成功通过技术委员会立项投票（见 ISO/TC 274 N484 号文件）。该标准作为我国在国际标准化组织（ISO）关于智能照明领域的第一个国际标准，对于推动智能照明技术的发展具有重要的意义。

6.4.5 工作体会

（1）熟悉了解 ISO/IEC 导则

国际标准与我国制定国内标准在程序上有许多显著差异，对规则不了解，就很容易走弯路。作为我国在该领域内申报的第一个标准，由于对于 ISO/IEC 导则的不了解，导致在申报过程中错失两次机会。因此要参与国际标准制定工作，首先就要认真学习导则，熟悉标准制订程序。

（2）标准提案化整为零

国际标准制订与我国制定国内标准，思路也有所不同。国内为了标准使用方便，往往会将标准的内容考虑全面。而在国际标准制订过程中，由于不同国家国情不同，因此标准内容越大就越容易与成员国工作产生冲突，从而加大标准立项的难度，因此建议标准制订分步走。这样也有利于在标准制订过程中建立与各国之间的信任关系，从而便于推动后续标准的制订工作。

（3）国际标准舍与得

由于技术委员会成员国众多，因此不可避免导致标准申报内容与其他国家产生矛盾的情况，这就要求标准申报人能够有原则的妥协。涉及我方重大关切的内容，申报人应该据理力争；其他内容则可以有原则的接受意见，从而更有利于团结多数成员国，促使标准获得通过。

（4）善于与各国专家沟通协调

除了技术内容上的交流，积极的沟通同样有利于项目的推进。在本项目申报之初，日本首先阻挠在 ISO/TC 274 北京会议上形成关于提案的决议，而后又在投票中与法国、德国、荷兰、比利时、意大利、英国等国投票反对。在意大利会议期间，王书晓借与日方代表回酒店路上，向日方代表建议在欧洲国家主导技术委员会工作的情况下，亚洲国家应该团结起来，共同发出亚洲声音。该提案得到日方代表的认可，在此后的都灵全体会议以及代尔夫特全体会议上，日方都表示了对中国方案的支持，从而减少了不必要的矛盾。

6.5 案例 5——ISO 21723 建筑和土木工程——模数协调——模数

6.5.1 技术准备

中国建筑标准设计研究院（以下简称"标准院"）作为 ISO/TC 59 的技术对口单位已经有 30 多年的历史，在过去的几十年中，翻译、转化和研究了 ISO 包括模数协调标准在内的众多标准，为推动我国建筑领域标准与国际标准的接轨做出了重要贡献。其中，1973年发布的《建筑统一模数制》GBJ 2—73 作为我国模数协调领域的重要基础规范，对于促进我国建筑工业化的发展，优化建筑制品与构配件的尺寸和种类，提高标准化设计、工业化生产水平起到了重要作用。

1973 年发布的《建筑统一模数制》GBJ 2—73 对于我国建筑领域实行通用住宅体系

化、住宅建筑生产定型化和系列化配套以及全面尺寸配合，全面优化功能、质量、技术和经济效益取得了巨大的成果，促使我国房屋建设从粗放型生产转化为集约型的社会协调生产。

1986 年，标准院主编修订《建筑统一模数制》GBJ 2—73，将其分为 3 本标准：《建筑模数协调统一标准》GBJ 2—86、《住宅建筑模数协调标准》GBJ 100—87 和《建筑楼梯模数协调标准》GBJ 101—87。86 版的模数协调标准在编制过程中，对国际标准进行了研究转化工作，因此在模数协调的技术方面具有深厚的工作基础。

6.5.2　人员准备

在技术方面，标准院作为模数协调领域的重要研究机构，构建了强有力的专家队伍。在国际标准化工作方面，标准院作为 ISO/TC 59 等国际标准化组织的国内技术对口单位已经有几十年的历史，培养了一批技术和标准化相结合的复合型人才。

6.5.3　文本准备

（1）国际标准新工作项目提案申请表 Form 04

新工作项目申请表（Form 04）是新项目提案的必备文件，其中，明确提案方、标准的制定范围、目标等是重要环节。在此项目申请中，由于涉及对 ISO 已有标准的整合，因此明确整合标准的范围是其中最重要的环节。如图 6-11 所示。

A statement from the proposer as to how the proposed work may relate to or impact on existing work, especially existing ISO and IEC deliverables. The proposer should explain how the work differs from apparently similar work, or explain how duplication and conflict will be minimized.

The proposed new work item will revise and merge the following interrelated modular coordination standards into one document:

ISO 1006:1983 Building construction -- Modular coordination -- Basic module

ISO 1040:1983 Building construction -- Modular coordination -- Multimodules for horizontal coordinating dimensions

ISO 6512:1982 Building construction -- Modular coordination -- Storey heights and room heights

ISO 6513:1982 Building construction -- Modular coordination -- Series of preferred multimodular sizes for horizontal dimensions

ISO 6514:1982 Building construction -- Modular coordination -- Sub-modular increments

The above standards will subsequently be cancelled and replaced by the new standard when this is completed and published.

A listing of relevant existing documents at the international, regional and national levels.

ISO 2848 Building construction -- Modular coordination -- Principles and rules

ISO 6511 Building construction -- Modular coordination -- Modular floor plane for vertical dimensions

Standard of modular coordination of building GB/T 50002-2013 (China National Standard)

图 6-11　新工作项目申请表 Form 04 截取

（2）标准草案大纲

本项目在立项时附标准草案大纲，包括标准的范围、规范性引用文件、术语和定义、主要章节目录、参考文献等，见图 6-12。

1 Scope

This international standard establishes the values of basic modules, multi-modules for horizontal coordinating dimensions and sub-modular increments for use in modular coordination of buildings. The standard also specifies sizes of modular storey heights and modular room heights, and series of preferred multi-modular sizes for horizontal dimensions for all types of building in accordance with general principles and rules for modular coordination.

2 Normative references

The following referenced documents are indispensable for the application of this document. For dated references, only the edition cited applies. For undated references, the latest edition of the referenced document (including any amendments) applies.

ISO 2848 *Building construction — Modular coordination — Principles and rules*

ISO 6511 *Building construction — Modular coordination — Modular floor plane for vertical dimensions*

ISO 6707-1 *Buildings and civil engineering works — Vocabulary -- Part 1: General terms*

3 Terms and definitions

For the purposes of this document, the terms and definitions given in ISO 6707-1 and the following apply.

3.1 modular coordination

3.2 module

3.3 basic module

3.4 multi-module

3.5 sub-modular increment

3.6 modular storey height

3.7 modular room height

3.8 modular floor height

4 Specifications

4.1 Values

4.2 Appl ication

Bibliography

Standard of modular coordination of building GB/T 50002-2013

图 6-12　标准草案大纲示例

（3）技术文本

此次整合的国际标准正是我国 86 版所参考的模数协调标准。此外，还将我国最新的模数协调标准《建筑模数协调标准》GB/T 50002—2013 与国际标准进行融合，本标准编制涉及的国际标准主要有：

1) ISO 1006：1983 房屋建筑—模数协调—基本模数
2) ISO 1040：1983 房屋建筑—模数协调—用于水平协调尺寸的扩大模数
3) ISO 6512：1982 房屋建筑—模数协调—层高和室内高度
4) ISO 6513：1982 房屋建筑—模数协调—水平尺寸的优先扩大模数尺寸系列
5) ISO 6514：1982 房屋建筑—模数协调—分模数增量

6.5.4 申报过程

2015 年 2 月，作为国际标准化组织 ISO/TC 59 建筑和土木工程技术委员会的国内对口技术单位和模数协调国家标准的主编单位，获悉 ISO/TC 59 委员会有一批关于模数协调方面的"孤本"标准，即缺乏管理单位的标准。这些标准中的一部分缺乏维护，因此 ISO/TC 59 秘书处发来决定成立工作组 WG3 的通知。

接到通知后，标准院迅速成立了针对 ISO 模数协调国际标准的工作团队，对本单位在该领域的工作基础进行了解，对我国在模数协调领域的现状进行分析，经过讨论研究后认为：模数协调标准是对建筑工程理论与实践全面总结的产物，是为了提高建筑业的经济效益和社会效益而做出的规定。模数协调标准不仅可满足建筑构配件和部品在工业化生产模式下的标准化、装配化问题，也承担了住宅建筑工业化体系、系列化设计的任务。为建设节约型社会、提高生产效率、降低劳动成本，我国在现阶段大力推进包括主体和内装的住宅工业化政策，而模数协调标准对于国家大力推广的工业化住宅以及建筑产业现代化的发展具有基础性作用。近年来我国的模数协调也不断进行修改和完善，将我国近年来模数协调方面的发展与国际标准进行融合，将我国的模数协调标准"升级"为国际标准，为今后我国建筑产品更好的进入国际市场奠定基础，具有重要的意义。因此对于此次 ISO 模数协调标准修编的任务，团队经过认真分析，最终决定积极争取。经过研究，决定推选魏素巍同志作为召集人候选人。因此，针对 ISO 工作组召集人的要求，将魏素巍的工作简历和相关信息递交 ISO/TC 59 秘书处。

2015 年 8 月，ISO/TC 59 秘书处发函通知投票结果，魏素巍同志成功当选承担工作组召集人，接到通知后标准院第一时间将魏素巍的召集人申请递交到国标委进行 ISO 系统注册。

接下来，工作组开始新项目立项的准备工作。经过与 ISO/TC 59 秘书处进行频繁的沟通，最终草拟了标准修订的范围和工作计划。

2015 年 10 月，编制团队赴西班牙马德里主持召开了 WG3 工作组第一次工作会议，参会的日本专家古濑敏教授是日本模数协调标准的主编人之一，他详细介绍了日本在 ISO 模数协调标准编制过程中的工作经历，以及欧洲、日本和 ISO 的模数协调标准的发展历程，为我们下一步的工作带来了很多思路和帮助。随后会议形成了决议和工作草案。

2016 年 4 月，工作组在北京召开了国内编制组的工作会议，该会议以国家标准编制团队为主，包括标准院，同济大学、东南大学等单位相关研究人员组成。在本次会议上，将工作组成立、标准立项前准备，以及马德里会议上提出的问题等进行了讨论。在会议上，专家们经过讨论，一致建议此次模数协调标准的重点放在基础类标准，对初拟的大纲提出了修改意见，去掉公差类标准，并将不属于基础类层级的门和刚性板的模数协调标准删掉，新修订了标准草案大纲。

2016年8月20日，WG3工作组的新项目提案：ISO/NP 21723建筑和土木工程——模数协调——模数完成了投票工作，投票结果为6个国家投赞成票，其中4个国家派专家参加该新项目。按照ISO规定，一个新项目需至少5个国家参与（TC 59技术委员会P成员数大于16），或者在TMB获得特别批准。因此，团队积极与另外2个未指派专家的国家进行沟通。

2016年10月，TC9/WG3工作组在德国柏林DIN总部大楼内召开会议。经过在会议期间积极与投赞成票但未派专家参与的南非专家沟通，他们表示愿意提名一名专家参与。在工作组会议上，南非标准局SABS也派专家参会，聆听了项目进展情况和主要的工作内容。通过努力，该新项目在10月11日TC59的全体会议上顺利立项成功。

至此，该项目申报工作全部结束。

6.6 案例6—ISO/TR 22845建筑和土木工程的弹性技术报告

6.6.1 前期准备

ISO/TC59"建筑和土木工程"技术委员会创立于1947年，主要涉及术语、模数协调、基本功能方面的标准编制。这些标准作为建筑与土木工程领域最基础的标准，常常被其他技术委员会用作基本引用文件。近年来，ISO/TC 59工作重点逐步转向建筑设计寿命、耐久性、建筑环境、建筑信息模型和可持续发展建筑等方面的标准编制，并且紧密围绕世界关注的热点问题和前沿问题展开研究。

"恢复力（后译为"弹性"）Resilience"的概念近年来在国际组织、各国家机构范畴内被高度关注，但相关理论、研究、标准和技术体系等尚处于初步阶段，急需通过建立理论体系和标准框架，为这一概念落实到技术层面，提供必要的前提和媒介。

中国建筑标准设计研究院中国建筑标准设计研究院有限公司（以下简称"标准院"）承担国际标准化组织ISO建筑领域的TC 59（建筑和土木工程）和TC 162（门和窗）以及TC10/SC8（建筑文件）的国内对口技术单位，多年来在国际标准的信息跟踪、研究转化，以及组织国内专家参与ISO的各项活动等方面做了大量工作。对于TC 59在热点问题上所做的探索，积极支持并参与。

6.6.2 申报过程

2013年，ISO/TC 59/SC15（住宅性能描述）的澳大利亚前主席George Walker提出"恢复力（后译为"弹性"）Resilience"的概念和研究方向，提交了新项目提案，该提案在送交TMB（技术管理局）后，被认为涉及不同专业和技术委员会，技术问题过于复杂无法协调，因此没有获得批准立项。但此后经过几年的讨论，TC 59的咨询组专家仍然认为应该进行相关工作。

2016年，TC 59建筑和土木工程技术委员会在柏林召开的咨询组会议中讨论并通过了决议，成立新的工作组WG4——建筑和土木工程的弹性，将弹性问题以技术报告的形式开展相关工作。

2017年5月，标准院经过研究，决定积极承担该工作组工作，推选贺静作为项目负责人和工作组召集人。经过与TC 59秘书处的积极沟通，经投票一致通过。

2017年6月，工作组研究TC 59前期工作，明确弹性的三层含义：1）抵抗不利影响的能力，更类似于力学方面的弹性；2）在灾难（自然或人为）发生后的弹性，这一层含义类似于传统认为的功能恢复能力；3）随着气候变化的建筑和土木工程的适应能力，这一层类似于建筑的可持续和环境影响方面。

根据弹性要开展的3个方面，标准院牵头组建了项目的国内工作组，开始进行相关工作。技术报告编制工作由中国建筑标准设计研究院、中国科学院科技战略研究院、清华大学建筑设计研究院、中国建筑科学研究院等专家，后由于报告内容的扩充，又增加国家气候中心、清华大学等单位共同参与。

2017年10月，在WG4第一次工作组会议上，贺静汇报了技术报告的框架，与会专家对报告框架提出问题，经过讨论一致通过该框架。

2018年3月，为进一步扩展技术报告的深度和广度，工作组邀请国家气候中心、清华大学等单位的科学家们加入编写工作，发挥学科交叉的作用，进一步将气候变化、地震、应急、经济等领域的科学问题与工程需求相结合，通过整理和分析全球气候变化影响下的各类型灾害变化影响和未来发展趋势，为缩短灾害变化和已有土木建筑领域"弹性"标准、技术之间的差距，提供量化数据。

2018年工作组中国专家共同完成《建筑的弹性》学术专刊（《城市生态与绿色建筑》春季刊，总第28期）。

2018年10月ISO/TC 59年会（北京）期间，工作组召开了工作交流会暨"气候变化与建筑弹性"学术研讨会，提出面对全球气候变化背景下，极端气候、台风、内涝、雾霾等新型和复合型灾害加剧的安全问题，将灾害风险和气候变化纳入城市规划建设预警系统，提高建筑和土木工程的灾害防御、适应等"弹性"标准的建议。

至此，技术报告已基本形成框架，编制工作有条不紊的展开。

TR 22845技术报告是ISO/TC 59/WG4（Resilience of buildings and civil engineering works）工作组的首个项目，通过收集、整理全球"建筑和土木工程的弹性"领域的已有数据和信息，对"弹性"要解决的近远期灾害应对问题、各国家地区已有的"弹性"原则、评价、策略等进行梳理，作为日后工作组编制国际标准的参考依据。

附录 A
（规范性）
国际标准新工作项目提案审核表

国际标准新工作项目提案审核表

国家标准委签发：					
提案单位			（签名） （盖章） 年 月 日		
国内技术对口单位意见			（签名） （盖章） 年 月 日		
行业主管部门意见			（签名） （盖章） 年 月 日		
提案拟提交的国际标准化机构	ISO/TC /SC IEC/TC /SC		提案报送日期		年 月 日
提案中文名称： 提案英文名称：					
提案类型	□新标准	□现行标准的 新部分	□修订标准	□技术报告	□技术规范	□可公开提供 的规范
提案内容概要：					

提案立项可行性说明：			
注：填写提案立项的背景、前期开展的工作以及立项主要困难等			
标准技术管理司审核		标准创新管理司审核	
司审核		司审核	
处审核		处审核	
经办人		经办人	

附录 B

（规范性）

国际标准新工作项目提案申请表 FORM 04

Form 4: New Work Item Proposal (NP)

Circulation date Click here to enter date. **Closing date for voting** Click here to enter date.	**Reference number:** Enter Number (to be given by ISO Central Secretariat)
Proposer ☐ISO member body Click here to enter text. ☐A liaison organization Click here to enter text.	**ISO/TC** Enter Number/**SC** Enter Number ☐Proposal for a new PC **N** Click here to enter text.
Secretariat Click here to enter text.	

A proposal for a new work item within the scope of an existing committee shall be submitted to the secretariat of that committee.

The proposer of a new work item may be a member body of ISO, the secretariat itself, another technical committee or subcommittee, an organization in liaison, the Technical Management Board or one of the advisory groups, or the Secretary-General. See ISO/IEC Directives Part 1, Clause 2.3.2.

The proposer (s) of the new work item proposal shall:
• make every effort to provide a first working draft for discussion, or at least an outline of a working draft;
• nominate a project leader;
• discuss the proposal with the committee leadership prior to submitting the appropriate form, to decide on an appropriate development track (based on market needs) and draft a project plan including key milestones and the proposed date of the first meeting.
•

The proposal will be circulated to the P-members of the technical committee or subcommittee for voting, and to the O-members for information.

IMPORTANT NOTE
Proposals without adequate justification risk rejection or referral to originator.

Guidelines for proposing and justifying a new work item are contained <u>in Annex C of the ISO/IEC Directives，Part 1</u>.

☐ The proposer has considered the guidance given in the Annex C during the preparation of the NP.

Resource availability：
☐ There are resources available to allow the development of the project to start immediately after project approval * （i. e. project leader，related WG or committee work programme）.

* if not，it is recommended that the project is first registered as a preliminary work item （a Form 4 is not required for this）and when the development can start，Form 4 should be completed to initiate the NP ballot.

Proposal （to be completed by the proposer，following discussion with the committee leadership）

Title of the proposed deliverable **English title** 　　Click here to enter text. **French title （if available）** 　　Click here to enter text. *(In the case of an amendment, revision or a new part of an existing document, include the reference number and current title)*
Scope of the proposed deliverable 　　Click here to enter text.
Purpose and justification of the proposal 　　Click here to enter text. ***Consider the following:*** *Is there a verified market need for the proposal?*

What problem does this document solve?

What value will the document bring to end-users?

See Annex C of the ISO/IEC Directives part 1 for more information.

See the following guidance on justification statements in the brochure 'Guidance on New work': <u>ht-tps://www. iso. org/publication/PUB100438. html</u>

Please select any UN Sustainable Development Goals （SDGs） that this document will support. For more information on SDGs，please visit our website at <u>www. iso. org/SDGs</u>.

- ☐ **GOAL 1**：No Poverty
- ☐ **GOAL 2**：Zero Hunger
- ☐ **GOAL 3**：Good Health and Well-being
- ☐ **GOAL 4**：Quality Education
- ☐ **GOAL 5**：Gender Equality
- ☐ **GOAL 6**：Clean Water and Sanitation
- ☐ **GOAL 7**：Affordable and Clean Energy
- ☐ **GOAL 8**：Decent Work and Economic Growth
- ☐ **GOAL 9**：Industry，Innovation and Infrastructure
- ☐ **GOAL 10**：Reduced Inequality
- ☐ **GOAL 11**：Sustainable Cities and Communities
- ☐ **GOAL 12**：Responsible Consumption and Production
- ☐ **GOAL 13**：Climate Action
- ☐ **GOAL 14**：Life Below Water
- ☐ **GOAL 15**：Life on Land
- ☐ **GOAL 16**：Peace and Justice Strong Institutions

N/A **GOAL 17**：Partnerships to achieve the Goal

Preparatory work

(An outline should be included with the proposal)

- ☐ A draft is attached
- ☐ An outline is attached
- ☐ An existing document will serve as the initial basis

The proposer or the proposer's organization is prepared to undertake the preparatory work required：

☐ Yes ☐ No

If a draft is attached to this proposal

Please select from one of the following options (note that if no option is selected，the default will be the first option)：

☐ Draft document can be registered at Working Draft stage (WD-stage 20.00)
☐ Draft document can be registered at Committee Draft stage (CD-stage 30.00)
☐ Draft document can be registered at Draft International Standard stage (DIS-stage 40.00)

☐ If the attached document is copyrighted or includes copyrighted content, the proposer confirms that copyright permission has been granted for ISO to use this content in compliance with clause 2.13 of the ISO/IEC Directives, Part 1 (see also the Declaration on copyright).

Is this a Management Systems Standard (MSS)?

☐ Yes ☐ No

NOTE: if Yes, the NP along with the Justification study (see Annex SL of the Consolidated ISO Supplement) must be sent to the MSS Task Force secretariat (tmb@iso.org) for approval before the NP ballot can be launched.

Indication of the preferred type or types of deliverable to be developed

☐ International Standard
☐ Technical Specification
☐ Publicly Available Specification

Proposed Standard Development Track (SDT)

To be discussed between proposer and Secretary considering, for example, when does the market (the users) need the document to be available, the maturity of the subject etc.

☐ 18 months * ☐ 24 months ☐ 36 months ☐ 48 months

* Projects using SDT 18 are eligible for the 'Direct publication process' offered by ISO/CS which reduces publication processing time by approximately 1 month.

Draft project plan (as discussed with committee leadership)

Proposed date for first meeting: Click here to enter a date.

Proposed dates for key milestones: Click here to enter a date.
1st Working Draft (if any) circulated to experts: Click here to enter a date.
Committee Draft ballot (if any): Click here to enter a date.
DIS submission *: Click here to enter a date.
Publication *: Click here to enter a date.

* Target Dates on DIS submission and Publication should preferably be set a few weeks ahead of the limit dates （automatically given by the selected SDT）.

For guidance and support on project management; descriptions of the key milestones; and to help you define your project plan and select the appropriate development track，see：go. iso. org/projectmanagement

NOTE：The draft project plan is later used to create a detailed project plan, when the project is approved.

Known patented items （see ISO/IEC Directives, Part 1 , clause 2. 14 for important guidance）

☐ Yes ☐ No

If " Yes"，provide full information as annex

Co-ordination of work

To the best of your knowledge, has this or a similar proposal been submitted to another standards development organization?

☐ Yes ☐ No

If "Yes"，please specify which one （s）：

Click here to enter text.

A statement from the proposer as to how the proposed work may relate to or impact on existing work，especially existing ISO and IEC deliverables. The proposer should explain how the work differs from apparently similar work，or explain how duplication and conflict will be minimized

Click here to enter text.

A listing of relevant existing documents at the international，regional and national levels

Click here to enter text.

Please fill out the relevant parts of the table below to identify relevant affected stakeholder categories and how they will each benefit from or be impacted by the proposed deliverable （s）

	Benefits/impacts	Examples of organizations/ companies to be contacted
Industry and commerce-large industry	Click here to enter text.	Click here to enter text.
Industry and commerce-SMEs	Click here to enter text.	Click here to enter text.
Government	Click here to enter text.	Click here to enter text.

	Benefits/impacts	Examples of organizations/ companies to be contacted
Consumers	Click here to enter text.	Click here to enter text.
Labour	Click here to enter text.	Click here to enter text.
Academic and research bodies	Click here to enter text.	Click here to enter text.
Standards application businesses	Click here to enter text.	Click here to enter text.
Non-governmental organizations	Click here to enter text.	Click here to enter text.
Other (please specify)	Click here to enter text.	Click here to enter text.

Liaisons

A listing of relevant external international organizations or internal parties (other ISO and/or IEC committees) to be engaged as liaisons in the development of the deliverable (s).

Click here to enter text.

Joint/parallel work

Possible joint/parallel work with
- ☐ IEC (please specify committee ID) Click here to enter text.
- ☐ CEN (please specify committee ID) Click here to enter text.
- ☐ Other (please specify) Click here to enter text.

A listing of relevant countries which are not already P-members of the committee

Click here to enter text.

NOTE: The committee manager shall distribute this NP to the ISO members of the countries listed above to ask if they wish to participate in this work

Proposed Project Leader
(name and e-mail address)

Click here to enter text.

Name of the Proposer
(include contact information)

Click here to enter text.

This proposal will be developed by

- ☐ An existing Working Group (please specify which one: Click here to enter text.)
- ☐ A new Working Group (title: Click here to enter text.)
(Note: establishment of a new WG must be approved by committee resolution)
- ☐ The TC/SC directly
- ☐ To be determined

Supplementary information relating to the proposal

☐ This proposal relates to a new ISO document;

☐ This proposal relates to the adoption as an active project of an item currently registered as a Preliminary Work Item;

☐ This proposal relates to the re-establishment of a cancelled project as an active project.

☐ Other:

Click here to enter text.

Maintenance agencies (MA) and registration authorities (RA)

☐ This proposal requires the service of a **maintenance agency.**

If yes, please identify the potential candidate:

Click here to enter text.

☐ This proposal requires the service of a **registration authority.**

If yes, please identify the potential candidate:

Click here to enter text.

NOTE: Selection and appointment of the MA or RA is subject to the procedure outlined in the ISO/IEC Directives, Annex G and Annex H, and the RA policy in the ISO Supplement, Annex SN.

☐ Annex (es) are included with this proposal (give details)

Click here to enter text.

Additional information/questions

Click here to enter text.

附录 C
（规范性）
项目委员会

1. 提案阶段

如果一个新的工作项目提案不属于现有技术委员会的工作范围内，则应授权一个新的工作项目提案机构来制定新工作项目提案，采用适当的形式提交并经充分论证。

CEO办公室可决定在分发投票之前，将提案退回给提案方要求其对提案做进一步的修改完善。这种情况时，提案方应按建议修改或提供不做修改的论证。如果提案方不采纳修改意见并要求按照原稿分发进行投票，技术管理局将决定采取适当的措施，包括暂停该提案直到修改意见被采纳，或接受原稿进行分发投票。

在任何情况下，CEO办公室可以将评论和建议纳入提案表格中。

应将提案提交给技术管理局秘书处，并由秘书处来组织分发给国家成员体投票。

应鼓励提案方提出该项目委员会首次会议的时间。

如果提案不是由一个国家成员体提出，在向国家成员体提出时应包括征集承担项目委员会秘书处的信息。

投票期应在12周内反馈。

通过提案需满足：

1）参加投票的2/3多数国家成员体赞成；

2）同意成立新工作项目的国家成员体中至少5个表示愿意积极参与，并指派参加的技术专家。

2. 项目委员会的成立

技术管理局应对新工作项目提案的投票结果进行复审，如果满足通过标准，则应成立一个项目委员会（应按技术委员会/项目委员会的序列对提案进行编号）。

项目委员会的秘书处应由提案的国家成员体承担，如果提案不是由国家成员体提出，则应由中央秘书处从申请承担秘书处的国家成员体中确定。

同意新工作项目提案并且指派了技术专家的国家成员体应注册为项目委员会的P成员。同意新工作项目但没有表达积极参与意愿的国家成员体应注册为O成员。不同意新工作项目，但表示若提案通过则愿意积极参与的国家成员体应注册为P成员。不同意新工作项目且也不愿意积极参与的国家成员体应注册为O成员。

CEO办公室应向国家成员体公布项目委员会的成立，以及成员组成。

国家成员体应告知CEO办公室确认或改变其成员身份。

秘书处应联系通过新工作项目或来自国家成员体的意见确定所有可能的联络组织，发出邀请看他们是否对项目委员会的工作感兴趣，如果有，那么愿意以哪一类的联络组织参与。联络中请将按现有程序进行。

3. 项目委员会的第一次会议

召开会议的程序应按 ISO/IEC 导则执行，不同的是，如果在提案提交时间沟通了第一次会议的日期，可以使用 6 周的通知期限。

项目委员会的主席应是新工作项目提案中提名的项目负责人，如果没有，则由秘书处提名。

第一次会议应确认新工作项目的工作范围。如果有必要修改工作范围（目的是说明范围而不是扩大范围），修改后的工作范围应提交到技术管理局批准。另外还应确认项目计划和制定程序，并决定是否有必要成立任何分支机构来开展工作。

如果决定该项目需要细分来制定两个或更多的出版物，则应尽可能说明工作的各部分都完全在工作项目提案最初的工作范围之内。如果不在其范围内，技术管理局应考虑要求提交新的工作项目。

注：不要求项目委员会制定战略业务计划。

4. 准备阶段

准备阶段应按本书第 2.2.3.1 条开展准备阶段工作。

5. 委员会、征询意见、批准和出版阶段

委员会、征询意见、批准和出版阶段应按本书第 2.2.3 节开展工作。

6. 项目委员会的解散

相关标准一旦出版，项目委员会即应解散。

7. 项目委员会制定标准的维护

承担秘书处的国家成员体负责标准的维护。除非项目委员会转换成为技术委员会，这种情况下由该技术委员会承担维护该标准的责任。

附录 D
（规范性）
ISO/IEC 工作组专家/召集人申请表

ISO/IEC 工作组专家/召集人申请表

工作组信息		
（同一专家注册多个工作组，在本栏分别列出各工作组信息）		
编号：ISO/IEC　TC/SC　WG/PT 担任工作组召集人：□是　□否	中文名称： 英文名称：	
专家信息		
姓　　名	中文： 英文：	性　　别	男：□ 女：□	职称	中文： 英文：

专家信息					
姓　　名	中文： 英文：	性　　别	男：□ 女：□	职称	中文： 英文：
电　话	座机： 手机：	电子邮件			
国　籍		所在省（区、直辖市）		邮编	
外语水平	□能担任口译　　□一般会话　　□能阅读　　□基本不会				
工作单位	中文： 英文：				
单位地址	中文： 英文：				
个人简历					

声明：

我了解并愿意遵守有关国际标准化工作的管理规定，在此做如下承诺：

1. 履行 ISO/IEC 专家职责，积极参与相关的标准化活动，在工作中不做有损国家利益的事情；

2. 定期向技术对口单位/标准化主管单位汇报有关活动的情况，传递相关信息、资料；

3. 当个人情况（单位、联系方式、专家身份等）有任何变化时，及时向技术归口单位/标准化主管单位通报。

签名：   单位签章：

技术对口单位意见：	国家标准委意见：
（盖章）　年　月　日	（盖章）　年　月　日

注：外籍中国专家需提供承诺函，会议召集人需提供英文简历。

附录 E
（规范性）
专利陈述和许可声明

ITU-T/ITU-R 建议书/ISO/IEC 可提供使用文件的专利陈述和许可声明
（此声明不代表实际的授予许可）

请按下列每种文件类型根据给出的指示把表格反馈给相关组织：

国际电信联盟 （ITU）	国际电信联盟 （ITU）	国际标准化组织 （ISO）	国际电工委员会 （IEC）
电信标准化局 局长	无线电通信局 局长	秘书长	秘书长
Place des Nations	Place des Nations	I Chemin de la Voie-Creuse	3 rue de Varembe
CH-1211 Geneva 20 Switzerland	CH-1211 Geneva 20 Switzerland	CH-1211 Geneva 20 Switzerland	CH-1211 Geneva 20 Switzerland
Fax：＋41 22 730 5853	Fax：＋41 22 730 5785	Fax：＋41 22 733 3430	Fax：＋41 22 919 0300
E-mail： tsbdir@itu. int	E-mail： brmail@itu. int	E-mail： patent. statements @iso. org	E-mail： inmail@iec. ch

---

专利持有人
依法登记的名称：
申请许可的联系方式：
名称和部门：
地址：
电话：
传真：
电子邮件：

网址（可选的）：
文件类型

□ITU-T 建议书（＊）□ITU-R 建议书（＊）□ISO 可提供使用文件（＊）□IEC 可提供使用文件（＊）
（请把所填写的表格反馈到相关组织）

□共用文本或双文本【ITU-T 建议书/ISO/IEC 可提供使用文件（＊）】

（如果是共用文本或双文本，请把所填写的表格分别反馈给三个组织：ITU-T、ISO 和 IEC）

□ISO/IEC 可提供使用文件（＊）

（如果是 ISO/IEC 可提供使用文件，请把所填写的表格反馈 ISO 和 IEC）

（＊）文件号：

（＊）文件标题：

授予许可声明

专利持有人确信，他持有已批准的专利和/或正在处理的专利申请，为了实施上述文件要求使用这些专利，为此，按照 ITU-T/ITU-R/ISO/IEC 的共用专利政策声明如下（仅选择下面一个方框做标记）：

□1. 专利持有人愿意在无歧视基础上并在其他合理的期限和条件下免费向全世界数量不限的申请人授予许可，许可其按上述文件生产、使用和销售。

谈判事宜留待有关当事人在 ITU-T、ITU-R、ISO 或 IEC 以外进行。

也在这里做标记——如果专利持有人愿意为实施上述文件在互惠条件下授予许可。

也在这里做标记——如果专利持有人保留如下权利：即只有申请人愿意在合理的期限和条件下（不免费）发放其自己的专利主张（为实施上述文件要求使用的专利），专利持有人才在合理的期限和条件下（不免费）向申请人授予他的专利许可。

□2. 专利持有人愿意在无歧视的基础上并在合理的期限和条件下向全世界数量不限的申请人授予许可，许可其按上述文件生产、使用和销售。

谈判事宜留待有关当事人在 ITU-T、ITU-R、ISO 或 IEC 以外进行。

也在这里做标记——如果专利持有人愿意为实施上述文件在互惠条件下授予许可。

□3. 专利持有人不愿意按照上述选项 1 或选项 2 的条款授予许可。

在这种情况下，必须向 ITU 提供（ISO 和 IEC 强烈希望得到）下列作为本声明组成部分的信息：

——已批准的专利号或专利申请号（如果正在申请中）；

——指出上述文件中受影响的部分；

——覆盖上述文件的专利主张的描述。

免费："免费"一词并不意味着专利持有人放弃必要专利有关的全部权利。更确切地说，"免费"是指金钱补偿方面的问题，即专利持有人不寻求将任何金钱补偿作为专利许可协议的一部分（不论这类补偿称为专利使用费还是叫做一次性授予许可费等）。不过，尽管专利持有人承诺不收取任何数量金钱，但专利持有人仍然有权要求相关文件的实施者签署一项许可协议，其中包含其他合理的期限和条件，例如有关管制法、使用领域、互惠、担保等。

互惠：本表格中使用的"互惠"一词的含义是：只有当许可证申请人承诺为免费或在合理的期限和条件下实施上述同一个文件而授予他自己的必要专利或必要专利主张才应要求专利持有人向该申请人授予其专利许可。

专利一词是指专利、实用新型和基于发明的其他类似法定权利（包括对于这些的任何申请）所包含和标识的那些权利要求，只要任何这样的权利要求对于上述文件实施是必要的。基本专利是实施具体建议/可交付成果所需的专利。

专利权的分配/转让：根据 ITU-T/ITU-R/ISO/IEC 共同专利政策的第 2.1 或 2.2 条作出的许可声明应被解释为对所转让专利的所有权益继承人保留约束力。

承认此解释可能不适用于所有司法管辖区，已根据共同专利政策提交许可声明的任何专利持有人（如果在专利声明表上选择选项为 1 或 2）转让专利的所有权时受此许可声明管辖，其应包括相关转让文件，以确保对于这种转让的专利，许可声明对受让人具有约束力，并且将包括适当类似的在未来转让时的条款，目的是约束所有权益继承人。

专利信息【希望但不强求给出选项 1 或选项 2 的信息；ITU 要求给出选项 3 的信息（见注释）】

编号	状态 （已批准/处理中）	国家和地区	批准的专利号或申请号 （正在申请中）	标题
1				
2				
3				
4				
5				
6				
7				
8				
9				
10				

□请在此处查看是否在其他页面上提供了其他专利信息

注释：对于选项 3，应提供的最低限度补充信息列于本表的选项 3 中。

签署
专利持有人：
被授权人姓名：
被授权人头衔：
签名：
地点和日期：

ISO/IEC Directives, Part 1, Consolidated ISO Supplement, 2018

ANNEX 2

PATENT STATEMENT AND LICENSING DECLARATION FORM FOR
ITU-T OR ITU-R RECOMMENDATION | ISO OR IEC DELIVERABLE

**Patent Statement and Licensing Declaration
for ITU-T or ITU-R Recommendation | ISO or IEC Deliverable**

This declaration does not represent an actual grant of a license

Please return to the relevant organization(s) as instructed below per document type:

Director
Telecommunication
Standardization Bureau
International
Telecommunication
Union
Place des Nations
CH-1211 Geneva 20
Switzerland
Fax: +41 22 730 5853
Email: tsbdir@itu.int

Director
Radiocommunication Bureau
International
Telecommunication
Union
Place des Nations
CH-1211 Geneva 20
Switzerland
Fax: +41 22 730 5785
Email: brmail@itu.int

Secretary-General
International Organization
for Standardization
8 chemin de Blandonnet
CH-1214 Vernier, Geneva
Switzerland
Fax: +41 22 733 3430
Email:
patent.statements@iso.org

General Secretary
International Electrotechnical
Commission
3 rue de Varembé
CH-1211 Geneva 20
Switzerland
Fax: +41 22 919 0300
Email: inmail@iec.ch

Patent Holder:

Legal Name _____

Contact for license application:

Name &
Department _____

Address _____

_____

Tel. _____

Fax _____

E-mail _____

URL (optional) _____

Document type:

☐ **ITU-T Rec. (*)** ☐ **ITU-R Rec. (*)** ☐ **ISO Deliverable (*)** ☐ **IEC Deliverable (*)**
(please return the form to the relevant Organization)

☐ **Common text or twin text (ITU-T Rec. | ISO/IEC Deliverable (*))** (for common text or twin text, please return the form to each of the three Organizations: ITU-T, ISO, IEC)

☐ **ISO/IEC Deliverable (*)** (for ISO/IEC Deliverables, please return the form to both ISO and IEC)

(*) Number _____

(*) Title _____

ISO/IEC Directives, Part 1, Consolidated ISO Supplement, 2018

Licensing declaration:

The Patent Holder believes that it holds granted and/or pending applications for Patents, the use of which would be required to implement the above document and hereby declares, in accordance with the Common Patent Policy for ITU-T/ITU-R/ISO/IEC, that (check <u>one</u> box only):

☐ 1. The Patent Holder is prepared to grant a <u>Free of Charge</u> license to an unrestricted number of applicants on a worldwide, non-discriminatory basis and under other reasonable terms and conditions to make, use, and sell implementations of the above document.

Negotiations are left to the parties concerned and are performed outside the ITU-T, ITU-R, ISO or IEC.

Also mark here ___ if the Patent Holder's willingness to license is conditioned on <u>Reciprocity</u> for the above document.

   Also mark here ___ if the Patent Holder reserves the right to license on reasonable terms and conditions (but not <u>Free of Charge</u>) to applicants who are only willing to license their Patent, whose use would be required to implement the above document, on reasonable terms and conditions (but not <u>Free of Charge</u>).

☐ 2. The Patent Holder is prepared to grant a license to an unrestricted number of applicants on a worldwide, non-discriminatory basis and on reasonable terms and conditions to make, use and sell implementations of the above document.

Negotiations are left to the parties concerned and are performed outside the ITU-T, ITU-R, ISO or IEC.

Also mark here ___ if the Patent Holder's willingness to license is conditioned on <u>Reciprocity</u> for the above document.

☐ 3. The Patent Holder is unwilling to grant licenses in accordance with provisions of either 1 or 2 above.

In this case, the following information must be provided to ITU, and is strongly desired by ISO and IEC, as part of this declaration:

— granted patent number or patent application number (if pending);

— an indication of which portions of the above document are affected;

— a description of the Patents covering the above document.

<u>Free of Charge</u>: The words "Free of Charge" do not mean that the Patent Holder is waiving all of its rights with respect to the Patent. Rather, "Free of Charge" refers to the issue of monetary compensation; *i.e.,* that the Patent Holder will not seek any monetary compensation as part of the licensing arrangement (whether such compensation is called a royalty, a one-time licensing fee, etc.). However, while the Patent Holder in this situation is committing to not charging any monetary amount, the Patent Holder is still entitled to require that the implementer of the same above document sign a license agreement that contains other reasonable terms and conditions such as those relating to governing law, field of use, warranties, etc.

<u>Reciprocity</u>: The word "Reciprocity" means that the Patent Holder shall only be required to license any prospective licensee if such prospective licensee will commit to license its Patent(s) for implementation of the same above document Free of Charge or under reasonable terms and conditions.

<u>Patent</u>: The word "Patent" means those claims contained in and identified by patents, utility models and other similar statutory rights based on inventions (including applications for any of these) solely to the extent that any such claims are essential to the implementation of the same above document. Essential patents are patents that would be required to implement a specific Recommendation | Deliverable.

<u>Assignment/transfer of Patent rights</u>: Licensing declarations made pursuant to Clause 2.1 or 2.2 of the Common Patent Policy for ITU-T/ITU-R/ISO/IEC shall be interpreted as encumbrances that bind all successors-in-interest as to the transferred Patents. Recognizing that this interpretation may not apply in all jurisdictions, any Patent Holder who has submitted a licensing declaration according to the Common Patent Policy - be it selected as option 1 or 2 on the Patent Declaration form - who transfers ownership of a Patent that is subject to such licensing declaration shall include appropriate provisions in the relevant transfer documents to ensure that, as to such transferred Patent, the licensing declaration is binding on the transferee and that the transferee will similarly include appropriate provisions in the event of future transfers with the goal of binding all successors-in-interest.

ISO/IEC Directives, Part 1, Consolidated ISO Supplement, 2018

Patent Information (desired but not required for options 1 and 2; required in ITU for option 3 (NOTE))

No.	Status [granted / pending]	Country	Granted Patent Number or Application Number (if pending)	Title
1				
2				
3				
4				
5				
6				
7				
8				
9				
10				

☐ Check here if additional patent information is provided on additional pages.

NOTE   For option 3, the additional minimum information that shall also be provided is listed in the option 3 box above.

Signature (include on final page only):	
Patent Holder	_____
Name of authorized person	_____
Title of authorized person	_____
Signature	_____
Place, Date	

FORM: 26 June 2015

附录 F
（规范性）
参加 ISO 和 IEC 会议报名表

参加 ISO 和 IEC 会议报名表

参会代表基本信息				
姓名	中文： 英文：		性别	男：□ 女：□
电话	＋86—		传真	＋86—
职务和职称	中文： 英文：		电子邮箱	
工作单位	中文：			
	英文：			
地址 （包括邮编）	中文：			
	英文：			
是否为建议代表团团长：□ 是　　□ 否				
会议信息				
所参加国际组织：□ ISO　　□ IEC　　□ ISO/IEC JTC 参会 TC/SC 编号及名称（中英文）： 中文： 英文： 参会 WG/PT/PG 编号及名称（中英文）： 中文： 英文： 会议地点：＿＿＿＿＿＿＿国/地区＿＿＿＿＿＿市 会议时间*：＿＿＿＿年＿＿月＿＿日至＿＿＿＿年＿＿月＿＿日 是否需要邀请函：□ 是　　□ 否 如需邀请函，护照号码：＿＿＿＿＿＿＿＿＿＿ *注：如同时参加 TC/SC 会议同期召开的工作组会议，工作组会议时间一并计算在内				
声明： 我了解并愿意遵守国家有关国际标准化工作的管理和外事规定，在此做如下承诺： 1、按时、全程参加注册的会议，不出现缺席现象； 2、参加会议时，按统一的参会预案对外工作，不擅自发表与国家统一技术口径不一致的个人意见； 3、积极、认真做好参会的各项工作，并在会议结束一个月内将参会工作总结尽快向国内技术对口单位（国内技术对口单位需向国家标准委）报送。 承诺人签名：				
参会代表单位意见： （盖章）　年 月 日			国内技术对口单位意见： （盖章）　年 月 日	

附录G

（资料性）

术语缩略语

ISO 组织机构缩略语　　　　　　　　　　　　　表 G-1

缩写	英文全称	中文全称
ISO	International Organization for Standardization	国际标准化组织
TMB	Technical Management Board	技术管理局
CASCO	Committee on Conformity Assessment	合格评定委员会
COPOLCO	Committee on Consumer Policy	消费者政策委员会
DKVCO	A committee to support developing countries	发展中国家事务委员会
CERTICO	Certification Committee	认证委员会
P-member	Participating Member	积极成员
O-member	Observer Member	观察员
WG	Working Group	工作组
QSAR	Quality System Accreditation International Recognition Program	质量体系认可国际承认计划
CSC/FIN	Council Standing Committee on Finance	财务委员会
CS	Central Secretariat	中央秘书处
CSC/STRAT	Council Standing Committee on Strategy and Policy	战略委员会
TC	Technical Committee	技术委员会
REMCO	Committee on Reference Materials	标准样品委员会
TAG	Technical Advisory Group	技术咨询组
JTAB	Joint Technical Advisory Committee	联合技术顾问委员会
SC	Sub-Committee	分委员会
PC	Project Committee	项目委员会
CAG	Chairman's Advisory Working Group	主席顾问工作组
MB	Member Body	成员体
CEO	Chief Executive Officer	首席执行官
JCG	Joint Coordination Group	联合协调小组
JTC	Joint Technical Committee	联合技术委员会

国际/国家组织机构　　　　　　　　　　　　　表 G-2

缩写	英文全称	中文全称
ISA	International Standardization Association	国际标准化协会
UNSCC	United Nations Standards Coordinating Committee	联合国标准协调委员会

缩写	英文全称	中文全称
WTO	World Trade Organization	世界贸易组织
IEC	International Electrotechnical Commission	国际电工委员会
UN/ECE	United Nations Economic Commission for Europe	联合国欧洲经济委员会
ILAC	International Laboratory Accreditation Cooperation	国际实验室认可合作组织
IAF	International Accreditation Forum	国际认可论坛
CENELEC	Comite Europeen de Normalisation Electrotechnique	欧洲电工标准化委员会
EOTC	European Organization of Testing and Certificaition	欧洲测试和认证组织
NAFTA	North American Free Trade Association	北美自由贸易协会
ASEAN/ACCSQ	Association of Southeast Asian Nations/Accreditation Committee	东南亚联盟质量体系认可委员会
SN	Standards Norway	挪威标准协会
SA	Standards Australia	澳大利亚标准协会
ANSI	American National Standards Institute	美国国家标准协会
DIN	Deutsches Institut fur Normung	德国标准化协会
NEN	Nederlands Normalisatie-instituut	荷兰标准化协会
BSI	British Standards Institution	英国标准协会
SAC	Standardization Administration of China	中国国家标准化管理委员会
JISC	Japanese Industrial Standards Committee	日本工业标准委员会
UNE	Una Norma Espanola	西班牙标准
AFNOR	Association francaise de normalisation	法国标准化协会
SABS	South African Bureau of Standards	南非标准局
SII	Standards Institution of Israel	以色列标准协会
ICONTEC	Instituto Colombiano de Normas Tecnicasy Certificacion	哥伦比亚技术标准与认证协会
KATS	Korean Agency for Technology and Standards	韩国技术标准署
NBN	Institut belge de normalisation	比利时标准化协会
PKN	Polish Committee for Standardization	波兰标准化委员会
UNI	Ente Nazionale Italiano di Unificazione	意大利国家标准化协会
SIS	Swedish Standards Institute	瑞典标准协会
SCC	Standards Council of Canada	加拿大标准理事会
ITU	International Telecommunication Union	国际电信联盟
IEA	International Energy Agency	国际能源署
SHC	Solar Heating and Cooling Programme	太阳能供热制冷委员会
ISES	International Solar Energy Society	国际太阳能学会
ESTIF	The European Solar Thermal Industry Federation	欧洲太阳能热利用产业联盟
IAPMO	International Association Plumbing and Mechanical Officials	美国国际管道暖通器械协会

缩写	英文全称	中文全称
GSC-NW	Global Solar Certification Network	全球太阳能统一认证体系
CIE	Commission Internationale de I'Eclairage	国际照明委员会

出版物缩略语　　　　　　　　　　　　　　表 G-3

缩写	英文全称	中文全称
IS	International Standard	国际标准
TS	Technical Specification	技术规范
PAS	Public Available Specification	可公开获取的规范
TR	Technical Report	技术报告
WTO/TBT	World Trade Organization Technical Barriers to Trade	世界贸易组织贸易技术壁垒协议

国际标准编写阶段缩略语　　　　　　　　表 G-4

缩写	英文全称	中文全称
PWI	Preliminary Work Item	预工作项目
NWIP（NP）	New Work Item Proposal	新工作项目提案
AWI	Approved Work Item	批准的工作项目
WD	Work Draft	工作草案
CD	Committee Draft	委员会草案
DIS	Draft International Standard	征询意见草案/国际标准草案
FDIS	Final Draft International Standard	最终国际标准草案

国际标准化组织 ISO 其他相关缩略语　　表 G-5

缩写	英文全称	中文全称
CIB	Committee Internal Balloting	委员会内部投票
DAM	Draft Amendment	修正案草案
FDAM	Final Draft Amendment	最终修正案草案
CAG	Chair's Advisory Group	主席咨询小组
MSS	Management System Standard	管理系统标准
TPM	Technical Program Manager	技术项目经理
RMG	Registration Management Group	注册管理小组
CR	Change Request	更改请求
VT	Validation Team	确认组
MT	Maintenance Team	维护组
NDP	Normal Database Procedure	正常数据程序
EDP	Extended Database Procedure	扩展数据程序
Rov	Report of Voting	表决报告
IWA	International Workshop Agreements	国际专题研讨会协议

95

附录 H

（资料性）

住房城乡建设领域相关国际标准化技术机构

序号	编号	名称	秘书处	相关性	国内技术对口单位
1	**ISO/TC 10/SC 8**	技术产品文件—施工文件 Technical product documentation—Construction documentation	瑞典	归口管理	中国建筑标准设计研究院有限公司
2	ISO/TC 17/SC 16	钢—钢筋和预应力混凝土用钢 Steel—Steels for the reinforcement and prestressing of concrete	挪威 SN	部分相关	冶金信息标准研究院
3	ISO/TC 21/SC 3	防火和灭火设备—火灾探测和报警系统 Equipment for fire protection and fire fighting-Fire detection and alarm systems	澳大利亚 SA	部分相关	应急管理部消防救援局
4	ISO/TC 21/SC 5	防火和灭火设备—用水的固定式灭火系统 Equipment for fire protection and fire fighting-Fixed firefighting systems using water	美国 ANSI	部分相关	应急管理部消防救援局
5	ISO/TC 21/SC 11	防火和灭火设备—烟雾和热量控制系统及组件 Equipment for fire protection and fire fighting-Smoke and heat control systems and components	德国 DIN	部分相关	应急管理部消防救援局
6	ISO/TC 43/SC 2	声学—建筑声学 Acoustics—Building acoustics	德国 DIN	完全相关	中科院声学所（声标委）
7	**ISO/TC 59**	建筑与土木工程 Buildings and civil engineering works	挪威 SN	归口管理	中国建筑标准设计研究院有限公司
8	**ISO/TC 59/SC 2**	术语和语言协调 Terminology and harmonization of languages	英国 BSI	归口管理	中国建筑标准设计研究院有限公司
9	ISO/TC 59/SC 8	密封胶 Sealants	中国 SAC	完全相关	上海橡胶制品研究所 中化化工标准化所
10	**ISO/TC 59/SC 13**	建筑和土木工程的信息组织和数字化，包含建筑信息模型（BIM） Organization and digitization of information about buildings and civil engineering works, including building information modelling（BIM）	挪威 SN	归口管理	中国建筑标准设计研究院有限公司
11	**ISO/TC 59/SC 14**	设计寿命 Design life	英国 BSI	归口管理	中国建筑标准设计研究院有限公司

序号	编号	名称	秘书处	相关性	国内技术对口单位
12	ISO/TC 59/SC 15	住宅性能描述的框架 Framework for the description of housing performance	日本 JISC	归口管理	中国建筑标准设计研究院有限公司
13	ISO/TC 59/SC 16	建筑环境可及性和可用性 Accessibility and usability of the built environment	西班牙 UNE	归口管理	中国建筑标准设计研究院有限公司
14	ISO/TC 59/SC 17	建筑与土木工程可持续性 Sustainability in buildings and civil engineering works	法国 AFNOR	归口管理	中国建筑标准设计研究院有限公司
15	ISO/TC 61/SC13	塑料—复合和增强纤维 Plastics—Composites and reinforcement fibres	日本 JISC	部分相关	南京玻璃纤维研究设计院有限公司
16	ISO/TC 71	混凝土、钢筋混凝土及预应力混凝土 Concrete, reinforced concrete and pre-stressed concrete	美国 ANSI	归口管理	中国建筑科学研究院建材所
17	ISO/TC 71/SC 1	混凝土试验方法 Test methods for concrete	以色列 SII	归口管理	中国建筑科学研究院建材所
18	ISO/TC 71/SC 3	混凝土生产及混凝土结构施工 Concrete production and execution of concrete structures	挪威 SN	归口管理	中国建筑科学研究院建材所
19	ISO/TC 71/SC 4	结构混凝土性能要求 Performance requirements for structural concrete	美国 ANSI	归口管理	中国建筑科学研究院结构所
20	ISO/TC 71/SC 5	混凝土结构简化设计标准 Simplified design standard for concrete structures	哥伦比亚 ICONTEC	归口管理	中国建筑科学研究院结构所
21	ISO/TC 71/SC 6	混凝土结构非传统配筋材料 Non-traditional reinforcing materials for concrete structures	日本 JISC	归口管理	中国建筑科学研究院结构所
22	ISO/TC 71/SC 7	混凝土结构维护与修复 Maintenance and repair of concrete structures	韩国 KATS	归口管理	中国建筑科学研究院建材所
23	ISO/TC 74	水泥和石灰 Cement and lime	比利时 NBN	部分相关	中国建材研究院水泥所
24	ISO/TC 77	纤维增强水泥制品 Products in fibre reinforced cement	比利时 NBN	部分相关	苏州混凝土水泥制品研究院
25	ISO/TC 86/SC 6	制冷和空气调节—空调器和热泵的试验和评定 Testing and rating of air-conditioners and heat pumps	美国 ANSI	归口管理	中国建筑科学研究院空调研究所
26	ISO/TC 89	木基板材 Wood-based panels	德国 DIN	完全相关	中国林业科学研究院木材工业研究所

序号	编号	名称	秘书处	相关性	国内技术对口单位
27	ISO/TC 89/SC 1	纤维板 Fibre boards	澳大利亚 SA	完全相关	中国林业科学研究院木材工业研究所
28	ISO/TC 89/SC 2	刨花板 Particle boards	澳大利亚 SA	完全相关	中国林业科学研究院木材工业研究所
29	ISO/TC 89/SC 3	胶合板 Plywood	法国 AFNOR	完全相关	中国林业科学研究院木材工业研究所
30	ISO/TC 92/SC 4	消防—防火安全工程 Fire safety—Fire safety engineering	法国 AFNOR	部分相关	应急管理部消防救援局
31	ISO/TC 96	起重机 Crane	中国 SAC	部分相关	北京起重运输机械研究院有限公司
32	**ISO/TC 96/SC 6**	移动式起重机 Mobile cranes	美国 ANSI	归口管理	中联重科股份有限公司
33	**ISO/TC 96/SC 7**	塔式起重机 Tower cranes	法国 AFNOR	归口管理	中联重科股份有限公司
34	**ISO/TC 98**	建筑结构设计基础 Bases for design of structures	波兰 PKN	归口管理	中国建筑科学研究院结构所
35	**ISO/TC 98/SC 1**	术语和标志 Terminology and symbols	澳大利亚 SA	归口管理	中国建筑科学研究院结构所
36	**ISO/TC 98/SC 2**	结构可靠度 Reliability of structures	波兰 PKN	归口管理	中国建筑科学研究院结构所
37	**ISO/TC 98/SC 3**	荷载、力和其他作用 Loads, forces and other actions	日本 JISC	归口管理	中国建筑科学研究院结构所
38	**ISO/TC 116**	供暖 Space heating appliance	暂停工作	归口管理	中国城市建设研究院
39	**ISO/TC 127**	土方机械 Earth-moving machinery	美国 ANSI	归口管理	天津工程机械研究院有限公司
40	**ISO/TC 127/SC 1**	安全和机械性能相关的测试方法 Test methods relating to safety and machine performance	英国 BSI	归口管理	天津工程机械研究院有限公司
41	**ISO/TC 127/SC 2**	安全性、工效学和一般要求 Safety, ergonomics and general requirements	美国 ANSI	归口管理	天津工程机械研究院有限公司
42	**ISO/TC 127/SC 3**	机械特性、电气电子系统，运行维护 Machine characteristics, electrical and electronic systems, operation and maintenance	日本 JISC	归口管理	天津工程机械研究院有限公司

续表

序号	编号	名称	秘书处	相关性	国内技术对口单位
43	ISO/TC 127/SC 4	术语、商业命名、分类和评级 Terminology, commercial nomenclature, classification and ratings	意大利 UNI	归口管理	天津工程机械研究院有限公司
44	**ISO/TC 142**	空气和其他气体的净化设备 Cleaning equipment for air and other gases	意大利 UNI	归口管理	中国建筑科学研究院空调研究所
45	**ISO/TC 144**	空气输送和空气扩散 Air distribution and air diffusion		归口管理	中国建筑科学研究院空调研究所
46	ISO/TC 160	建筑玻璃 Glass in building	英国 BSI	完全相关	秦皇岛玻璃工业研究设计院
47	ISO/TC 160/SC 1	产品研究 Product considerations	英国 BSI	完全相关	秦皇岛玻璃工业研究设计院
48	ISO/TC 160/SC 2	应用研究 Use considerations	美国 ANSI	完全相关	秦皇岛玻璃工业研究设计院
49	**ISO/TC 161**	燃气和/或燃油的控制和保护装置 Control and protective devices for gas and/or oil	德国 DIN	归口管理	中国市政工程华北设计研究院
50	**ISO/TC 162**	门、窗和幕墙 Doors, windows and curtain walling	日本 JISC	归口管理	中国建筑标准设计研究院
51	ISO/TC 163	建筑环境热性能和用能 Thermal performance and energy use in the built environment	瑞士 SIS	完全相关	国家玻璃纤维检验中心
52	ISO/TC 163/SC 1	试验和测量方法 Test and measurement methods	德国 DIN	完全相关	国家玻璃纤维检验中心
53	ISO/TC 163/SC 2	计算方法 Calculation methods	挪威 SN	完全相关	国家玻璃纤维检验中心
54	ISO/TC 163/SC 3	绝热产品 Thermal insulation products	加拿大 SCC	完全相关	国家玻璃纤维检验中心
55	**ISO/TC 165**	木结构 Timber structures	加拿大 SCC	归口管理	中国建筑西南设计研究院
56	ISO/TC 167	钢铝结构 Steel and aluminium structures	挪威 SN	部分相关	冶金信息标准研究院
57	ISO/TC 167/SC 1	钢的材料和设计 Steel：Material and design [STANDBY]	挪威 SN	部分相关	冶金信息标准研究院
58	**ISO/TC 167/SC 2**	钢的制造和树立 Steel：Fabrication and erection [STANDBY]	—	归口管理	湖北省建工总公司技术处
59	ISO/TC 167/SC 3	铝结构 Aluminium structures [STANDBY]	挪威 SN	部分相关	冶金信息标准研究院
60	**ISO/TC 178**	电梯、自动扶梯和自动人行道 Lifts, escalators and moving walks	法国 AFNOR	归口管理	中国建筑科学研究院机械化研究所

序号	编号	名称	秘书处	相关性	国内技术对口单位
61	**ISO/TC 179**	砌体结构-暂停 **Masonry-STAND BY**		归口管理	中国建筑东北设计研究院
62	**ISO/TC 179/SC 1**	**Unreinforced masonry** 非钢筋砌体	**英国 BSI**	归口管理	中国建筑东北设计研究院
63	**ISO/TC 179/SC 2**	**Reinforced masonry** 钢筋砌体	**中国 SAC**	归口管理	中国建筑东北设计研究院
64	**ISO/TC 179/SC 3**	**Test methods** 测试方法	**英国 BSI**	归口管理	四川省建筑科学研究院
65	ISO/TC 180	太阳能 Solar energy	澳大利亚 SA	部分相关	SAC TC 20；SAC TC 20/SC 6 中国标准化研究院资环所
66	ISO/TC 180/SC 4	系统热性能、可靠性和耐久性 Systems-Thermal performance, reliability and durability	美国 ANSI	部分相关	中国标准化研究院资环所
67	ISO/TC 182	土工学 Geotechnics	英国 BSI	部分相关	南京水科院土工研究所
68	**ISO/TC 195**	建筑施工机械与设备 **Building construction machinery and equipment**	**中国 SAC**	归口管理	北京建筑机械化研究院有限公司
69	**ISO/TC 195/SC 1**	混凝土工程机械设备 **Machinery and equipment for concrete work**	**日本 JISC**	完全相关	北京建筑机械化研究院有限公司
70	**ISO/TC 205**	建筑环境设计 **Building environment design**	**美国 ANSI**	归口管理	中国建筑科学研究院物理所
71	**ISO/TC 214**	升降工作平台 **Elevating work platforms**	**美国 ANSI**	归口管理	北京建筑机械化研究院有限公司
72	**ISO/TC 224**	涉及饮用水供应及废水和雨水系统的服务活动 **Service activities relating to drinking water supply wastewater and stormwater systems**	法国 AFNOR	归口管理	深圳市海川实业股份有限公司
73	ISO/TC 267	设施管理 Facility management	英国 BSI	部分相关	中机生产力促进中心
74	ISO/TC 268	可持续城市和社区 Sustainable cities and communities	法国 AFNOR	完全相关	中国标准化研究院
75	**ISO/TC 268/SC 1**	智慧社区基础设施 **Smart community infrastructures**	**日本 JISC**	归口管理	中国城市科学研究会
76	ISO/TC 274	光和照明 Light and lighting	德国 DIN	部分相关	北京半导体照明科技促进中心

序号	编号	名称	秘书处	相关性	国内技术对口单位
77	ISO/TC 282	水回用 Water reuse	中国 SAC	完全相关	深圳市海川实业股份有限公司（秘书处）中国标准化研究院
78	ISO/TC 282/SC 2	水回用—城镇水回用 Water reuse—Water reuse in urban areas	中国 SAC	完全相关	深圳市海川实业股份有限公司（秘书处）中国标准化研究院
79	ISO/TC 282/SC 4	水回用—工业水回用（中国）Water reuse—Industrial water reuse	中国 SAC	部分相关	南京大学（秘书处）南京大学宜兴环保研究院
80	ISO/TC 291	家用燃气灶具 Domestic gas cooking appliances	德国 DIN	完全相关	中国五金协会
81	**ISO/PC 305**	**可持续的污水排放系统 Sustainable non-sewered sanitation systems**	**美国 ANSI 塞内加尔**	归口管理	**上海市环境工程设计科学研究院有限公司**
82	ISO/TC 314	老龄化社会 Ageing societies	英国 BSI	部分相关	中国标准化研究院
83	**ISO/PC 318**	**社区规模的资源型卫生处理系统 Community scale resource oriented sanitation treatment systems**	**美国 ANSI**	归口管理	**上海市环境工程设计科学研究院有限公司**